世界闻 80 海洋趣闻

SHIJIE WENMING DE
80 HAIYANG QUWEN

武鹏程

编著

TUSHUO HAIYANG

图说海洋

世界之大，无奇不有
世界之奇，尽在海洋

海洋出版社

北京

图书在版编目(CIP)数据

世界闻名的80海洋趣闻 / 武鹏程编著. — 北京：

海洋出版社，2025.1. — ISBN 978–7–5210–1389–4

Ⅰ. P7–49

中国国家版本馆CIP数据核字第2024TM8962号

世界闻名的

80海洋趣闻

SHIJIE WENMING DE
80 HAIYANG QUWEN

总 策 划：刘　斌

责任编辑：刘　斌

责任印制：安　淼

排　　版：海洋计算机图书输出中心　申彪

出版发行：海洋出版社

地　　址：北京市海淀区大慧寺路8号

　　　　　100081

经　　销：新华书店

发 行 部：（010）62100090

总 编 室：（010）62100034

网　　址：www.oceanpress.com.cn

承　　印：侨友印刷（河北）有限公司

版　　次：2025年1月第1版

　　　　　2025年1月第1次印刷

开　　本：787mm×1092mm　　1/16

印　　张：10

字　　数：180千字

定　　价：59.00元

本书如有印、装质量问题可与发行部调换

▋前　言

　　潜艇被鱼雷、炸弹击沉不是什么新鲜事，你见过被坦克，甚至是土豆击沉的潜艇吗？你见过伪装成小岛逃跑的军舰吗？蒙古国为什么要建立世界上最小的海军？巴拉圭海军为什么被称为最强陆地海军？这些有趣的海洋事件，在引人发笑的同时也让人深思。

　　为什么马可·波罗的东方行现在引起了很多质疑？为什么哥伦布不承认自己发现的是美洲，而一直认为自己到达的是东印度群岛？为什么恩里克这个从未远航的人物会被认为是一个伟大的航海家？为什么童贞女王伊丽莎白一世又被认为是海盗女王？这些有趣的海洋人物到底留下了哪些逸事？

　　小丑鱼为什么能随心所欲地变性？海豚为什么被称为动物界的痴情种？水滴鱼为什么被称为世界上最忧伤的动物？灯塔水母为什么会永生不死？这些神奇的海洋生物有让人不可思议的本领。

　　还有奇怪的幽灵船，它们在海上孤独地漂流，从不停息；让人百思不得其解的海洋现象，更是激起人们的好奇心：有会自转的、会生产肥皂的、会分分合合的、会让人自焚的、会催人长高的岛屿；有让人恐惧的海洋无底洞；有被称为地球之眼的蓝洞；极地有条纹冰山，还有触之即死的死亡冰柱……海洋既神秘又有趣，也让人神往！

目　录

Chapter 1
有趣的海洋事件

Chapter 2
有趣的海洋人物

Chapter 3
妙趣横生的海洋生物

Chapter 4

飘忽不定的幽灵船之谜

Chapter 5

奇怪的海洋现象

Chapter 1
有趣的海洋事件

德英两国的乌龙事件

德/国/布/雷、/英/国/扫/雷

第二次世界大战是残酷的，参与的各方都拼尽全力；第二次世界大战也是有趣的，尤其是一些乌龙事件，比如德国和英国水雷战，绝对会让人当成个段子看。

第二次世界大战时期，英国和德国在海上展开了激烈的封锁与反封锁战斗。双方都使用了最尖端的武器，尤其是像水雷这种隐蔽性能好、杀伤力强的武器，自然是极大地派上用场。德国海军在第二次世界大战中总共用了10万枚进攻性水雷，炸毁了2665艘舰船。如此庞大的数字，可以看出德军使用水雷已经成为一种习惯。

有这样一场战役，在一个交战了很久的港口，德军为了能够全面封锁英军，便在这个港口布水雷，而英军为了突破

[德国 U 艇]

德国 U 型潜艇是"二战"中最神秘的武器，狼群战术是它最恐怖的战术。在"二战"中的大西洋上，德国 U 艇肆无忌惮地在盟军的海上交通线上"猎杀"盟军的船只。

第一次世界大战中，以英国海军为首的协约国海军基本上控制了海洋，以德国为首的同盟国，为了打破封锁，第一次采用了无限制潜艇战。

此乌龙事件发生在"二战"德国海军宣布的无限制潜艇战期间。德军曾在大西洋使用大量潜艇截击越洋船只，试图阻止美国援欧的行动。

✤ [击沉"利物浦"号]
此画是由韦利·斯托尔在 1915 年描绘当时德国 U 型潜艇击沉英国"利物浦"号的情况。

封锁就派人去扫水雷，于是形成了这样一个场景：德国海军每逢星期一、三、五就去布雷，隔一天去一次。英国海军则在星期二、四、六派扫雷舰进行扫雷作业。星期日双方休战。双方就这么"和谐"地过了一段时间，都养成了习惯。

这天，一艘德国海军的布雷舰按照惯例，再次来到港口布雷。刚开始作业没多久，就遭遇水雷被炸沉，炸沉布雷舰的水雷还是他们昨天布下的水雷。原来昨天英国人由于一些原因，偷了个懒，没有去扫雷。

落水的德国军官被英国人救起，他非常气愤地质问英国军官："你们作为扫雷部队怎么能这样不负责任？这在我们的军队里面是绝对不允许的！"

这令绅士的英国人感到很惭愧，因此给予了被救的德军很好的待遇，直到战争结束把他们送回国。

✤ [纪录片《打捞深海宝船——"二战"护航舰》]
此片中奥德赛公司发现的沉船是在第二次世界大战时遭到"奥林匹克"号客轮撞沉的德国 U 艇"U-103"号，它是唯一一艘被客轮撞沉的德国 U 艇。

✤ 在"二战"时期的太平洋战场，美军潜艇也曾对日本进行无限制潜艇战，击沉大量日本商船。

被坦克击沉的潜艇

从 / 天 / 而 / 降 / 的 / 坦 / 克

坦克是陆地上的武器，而潜艇则深入水下，两者本来是八竿子打不着，居然在"二战"中相遇了，深藏于水下的潜艇被坦克击沉了，果然是世界之大，无奇不有！

第二次世界大战时期，德国海军曾执行著名的狼群战术，由邓尼茨带领一批潜艇，驰骋大西洋底，打击盟军运输船队，取得了不凡的战绩。在此期间发生过一件让人觉得匪夷所思的事件：水下的潜艇被坦克击沉。没错，它是迄今为止唯一一艘被坦克击沉的潜艇。

1940 年 10 月 23 日，德军的一艘 U 艇在大西洋上执行打击盟军运输船队的任务。在巡查中，该艇巧遇英军"奥立芙·伯朗基"号补给舰。这艘补给舰满载着美国支援英国的数百吨烈性炸药、重型炮弹和数十辆各型坦克，急匆匆地赶回英国。当时，天气晴朗，万里无云。

❧ [被袭击之后的"奥立芙·伯朗基"号]

❦ [被称为"头狼"的邓尼茨]

第二次世界大战时纳粹德国的海军将领邓尼茨之所以被称为"头狼",就是因为他首创了海战的狼群战术,使纳粹德国海军在"二战"初期猖狂一时。

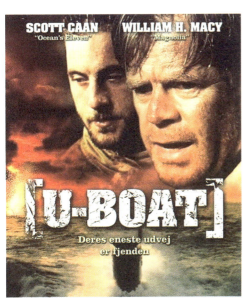

❦ [电影《猎杀-U429》剧照]

《猎杀-U429》是2005年上映的影片,是以"二战"德军狼群战术为背景的战争题材电影。讲述德军潜艇"U-429"号返航途中与美国海军"箭鱼"号相遇激战的故事。

❦ 卡尔·邓尼茨是"二战"期间纳粹德国的著名海军将领,希特勒自杀后,在遗嘱上任命他为德意志帝国总统和国防军最高统帅。

"奥立芙·伯朗基"号补给舰航行在美丽的北大西洋上,士兵们暂时忘记了战争,忘记了痛苦,尽情地享受着难得的、短暂的静谧,没有人意识到危险已经近在咫尺。

德军潜艇悄悄潜至补给舰右舷,发射了两枚鱼雷。两条白色的水线像两条凶恶的水蛇一样直扑向充满祥和气氛的补给舰。补给舰上,值班的士兵发现了扑过来的毒蛇,拉响了警报,但为时已晚,鱼雷正中"奥立芙·伯朗基"号的要害,引爆了舰上的弹药。可怜的"奥立芙·伯朗基"号立即成了一个失火的鞭炮厂,不断向外喷发着五颜六色的焰火。此时,德国潜艇的艇长在潜望镜里看着焰火,感觉还不过瘾,四下里观察了一下,在确定周围海域没有危险后,命令潜艇浮出海面,带着全体水兵站到甲板上,全方位地欣赏这场难得一见的焰火晚会。也算这艘潜艇倒霉,补给舰上运载的一辆M4坦克被爆炸产生的冲击波掀上半空,然后晃晃悠悠掉下来,不偏不倚地砸中了德军潜艇,像一枚实心炮弹一样,将U艇侧舷砸了一个窟窿。于是,这艘U艇带着满脸不甘的艇长和水兵们,哀号着沉入了大西洋,成为世界战争史上唯一一艘被坦克击沉的潜艇,留下了一个并不光彩的记录。

❀ [荷兰战列舰]
这艘荷兰皇家海军的扫雷艇"Abraham Crijnssen"号的舰体上有两门 20 mm 连射炮，主要作用是用来防空和示警，采用的动力是蒸汽机。

想不到的逃跑方案

军 / 舰 / 伪 / 装 / 成 / 小 / 岛

1942 年爪哇战役爆发，此战日本方面打得非常漂亮，英、荷溃败，整个爪哇海只剩下 1 艘荷兰的军舰，为了逃跑，他们居然把军舰伪装成小岛，趁黑夜前行，最后这艘军舰成功逃走了，这艘军舰现在也成了荷兰海军博物馆的分馆军舰。

1 942 年 2 月 14 日—3 月 15 日爆发了爪哇战役。日军方面派出了十余万兵力，配合作战的是日本帝国海军第 3 舰队、第 11 舰队和陆军第 3 飞行集团。而另一方则是由美、英、荷、澳组成的盟军，双方兵力相差不大。在这场战役中，日本帝国海军十分威猛，把英、美、荷、澳海军联军打得满地找牙。

孤独的荷兰舰队

盟军失败之后，所有的盟军舰船被下令撤回澳大利亚，本来荷兰海军还剩下 4 艘军舰的，可最后要走的时候却发现只有一艘军舰了，其他 3 艘军舰不知所踪，可能已经被日军摧毁。

移动的小岛

这艘孤独的荷兰军舰航行在茫茫的印度尼西亚海域，这里已经完全被日军占领，整个海面变得异常的安静，要想从日军的眼皮底下逃走，并不是件容易的事，况且，军舰体积庞大，怎么逃走呢？

为了躲避日本飞机和舰队的搜索，舰长安排人员从附近的岛屿上砍伐树木

✤ [伪装后的荷兰战列舰]

和树枝，插在舰艇的周边，使军舰看起来像一座茂密的丛林，并且将暴露的船体画成类似岩石和悬崖的形状。为了进一步迷惑日军，这艘军舰白天停靠在岸边不动，到了晚上才悄悄地起航，远远看去像一座漂浮的小岛。

在印度尼西亚海域，大大小小的岛屿加在一起有上万个。加上日本入侵印度尼西亚主要是为了战争资源（比如石油），所以，面对星罗棋布的小岛，日本人完全没有在意。

就这样，这艘荷兰军舰小心翼翼地用了 8 天的时间，于 1942 年 3 月 20 日终于到达了澳大利亚西部的弗里曼特尔，脱离了危险。

可见一向认真的日本人也有"看走眼"的时候。他们做梦都没有想到，这艘孤舰会伪装成一座小岛，慢慢地漂走。

✤ 此战日军俘虏荷、英、美、澳盟军约 8 万人，缴获飞机 177 架，夺取了 170 万吨石油，并得到了破坏不很严重的油田设施，为其战略进攻提供了急需的石油。

✤ [荷属东印度海军在爪哇海战后遗留的军舰]
在 1995 年的时候，爪哇海战唯一遗留的军舰被荷兰海军博物馆买下来作为一艘博物馆军舰。

蒙古国海军搞起了运输

世/界/上/最/小/的/海/军

海军是为了防御海岸线而设立的军种，可是如果是一个内陆国家，那么海军就变得可有可无，但有这样一个国家，没有海洋，他们却有一支7个人的海军，堪称世界上最小的海军。

在 郭德纲的相声段子中，曾出现过"蒙古国海军司令"这样的职务，甚至宣称"只要找到海，立马儿上任"。这种段子，让听众听后哈哈大笑，众所周知，蒙古国是内陆国家，根本没有大海，就连像样的河都没有几条，但是，蒙古国却拥有一支海军，堪称世界上规模最小的海军部队，他们可不是草台班子，因为这支部队从装备到军衔都是完备的。

一条拖船加7名船员的建制

蒙古国不需要海军防御，却需要运送货物。在2001年，蒙古国引进了一艘名为"苏赫巴托尔"号的老式拖船，为了能够启用此船，蒙古国专门为它配备了7名船员，蒙古国的第一支海军队伍就这么成立了。

为了运营，海军外包

海军的运营需要大量的金钱维系，而蒙古国不是一个富有的国家，因为蒙古国的国家债务已经接近GDP的80%。为了能够更好地为国家服务，他们通过这支海军，将"苏赫巴托尔"号沿色楞

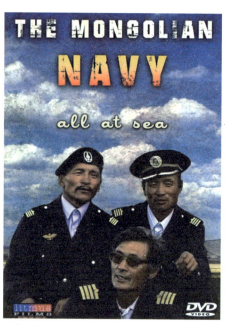

❋ [《蒙古国海军》-剧照]
蒙古国海军共由7人组成，被网友们戏称为现实版"七武海"。

格河航行到贝加尔湖，通过贝加尔湖到达北冰洋。将蒙古国出产的木材、畜产品、毛皮、煤和矿物经这条航线运往俄罗斯，并带回工业品和消费品。

蒙古国是内陆国家，反正也没什么海战，所以他们就以海军的编制搞起了贸易，甚至将整支部队承包给一些商人，替他们运输货物。

巴拉圭海军 ❯❯❯

最/强/内/陆/海/军

巴拉圭与玻利维亚一样，也是不临海的国家，但是同样也有海军，并且实力在这些不临海的国家中是最强的。

❦ [巴拉那河上的炮艇——Tacuary]

这艘船 1907 年在爱尔兰建造，之后由巴拉圭购得，这是自 1855 年之后首艘航行于大西洋的巴拉圭军舰。

南 美洲国家巴拉圭是个不临海的国家，但是国内有条名为巴拉那的内河，它是巴拉圭国内的水路要道，因为通过它，可以进入大西洋，所以巴拉圭非常重视海军的发展。

巴拉圭不但组建了海军，还建造了12 个海军基地来停泊海军战舰，而且还配备了近 3000 名海军官兵，各种舰艇达40 多艘，海军实力在内陆国家中绝对是屈指可数的。巴拉圭曾经为了争夺出海口，在 1864—1870 年由巴拉圭军事强人弗朗西斯科·索拉诺·洛佩斯与乌拉圭、阿根廷、巴西三国同盟打了一场堪称南美洲历史上最大的战争，在 1866 年 10 月，

巴拉圭和三国联盟还曾爆发了一场南美洲最大的海军会战。1866 年三国同盟的军队沿着巴拉那河进犯巴拉圭，这次三国同盟动用了 16 艘当时最先进的钢铁炮舰，加上 70 多艘木质战舰对付巴拉圭的木质军舰。在巴拉那河和乌拉圭河汇合处的一片湖泊里，这场南美洲最大的海军会战以巴拉圭方面几乎全军覆没而结束。

巴拉圭战争的失败导致巴拉圭丧失了 75% 的国土，人口由 53 万减少到 22 万，其中男子不到 3 万。也许是因为对海洋的念念不忘，才让巴拉圭这个南美内陆国一直保留了自己的海军。

德国潜艇炮击美国军事基地

一/个/扳/手/结/束/了/一/场/战/斗

第一次世界大战期间，德国潜艇出发偷袭美国汉姆军事基地，可能由于过于紧张，几枚鱼雷都没有击中目标，只得浮出水面向美军舰船开炮；而还击的美军飞机投下的炸弹连保险也没打开，最后靠一个扳手结束了战斗。

第一次世界大战期间，德国潜艇曾与美国飞机发生过一件让人哭笑不得的事情。

第一次世界大战期间，欧洲许多国家都是越打越穷，只有美国例外，它是越打越富。这就让德国不爽了，准备给美国点颜色看看。

1918 年 7 月 21 日，德国"U-156"号潜艇悄悄潜入美军位于普林斯城的汉姆海军基地。当时美军基地里的大部分官兵都跑到普林斯城观看一场规模空前的棒球赛去了，基地中几乎空无一人。"U-156"号潜艇趁机向一艘美国拖船发射了两枚鱼雷，可没想到竟无一命中目标，"U-156"号潜艇艇长十分恼火，他命令潜艇浮出海面，用艇上的火炮发起进攻。

恰逢美军留守基地的伊东上尉和加

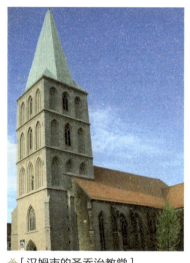

[汉姆市的圣乔治教堂]

德少尉发现了此事，可是一时间根本无法集结部队，没有办法，伊东上尉对仅在的工程师霍华德说："请你立即给飞机挂上深水炸弹，我们要去攻击德国潜艇！这里再也找不到其他人了，请你立即工作，这是我的命令！"谁知这个霍华德也是个糊涂蛋，他不知道炸弹上还有保险装置，没有打开，伊东和加德也不懂。伊东投了几枚炸弹，发现没什么反应后，气急之下，从工具箱中抓起一个大扳手向德国潜艇砸去，正好砸到了一名德国士兵。"U-156"号潜艇以为美军开始反攻了，于是仓促撤退。

一场莫名其妙的海战就这样结束了，这是德国潜艇第一次也是唯一一次在美国本土作战。

英军与荷兰的对峙

持/续/3/个/世/纪/的/战/争，/
根/本/就/没/打

英、荷双方在锡利群岛布置了兵力，却都各忙各的，也不开打，也不撤军，就这样对峙了 355 年！

1 639 年，英国国内两大政治派系：议会派与保皇派之间的分歧日益严重。双方为了积累实力，瓜分了国内的地盘。保皇派军队被挤压在康沃尔半岛附近的锡利群岛，缺乏补给，海军为了养活自己，干起了海盗的营生，只要是经过此地的船只，需要交出"买路钱"才能通过，一来二去，就抢到了荷兰人的头上。

荷兰人很是愤怒，保皇派一边要应付议会派的打压和攻击，一边要应付荷兰人，所以不敢贸然向荷兰人开战，于是希望和平解决。

荷兰人向英国保皇派狮子大开口，既要割地又要赔偿，遭到拒绝。这令荷兰人颇为生气，于是派出了一支舰队停靠在锡利群岛海域，舰队大炮全部对准锡利群岛海域上的军事建筑。

英国保皇派见此情景只得加强防守。

荷兰人没有进攻，英国人也不敢贸然开战，从此英国保皇派海军不再袭击荷兰船只，就这样双方既不发起攻击，也不宣布停战，直到 355 年后才正式签署和平协议。

在 3 个多世纪的对峙中，双方未动一兵一卒，所谓的"战争"，根本就没打！

❀ 英国保皇派指的是依然主张延续当前政治制度的一方，一般是当时的大贵族们。

❀ 英国议会派又称清教徒革命派，主要是新贵族、资产阶级、城市平民、手工业者和自耕农。这一派以克伦威尔为代表的革命领导人创建了新型军队。他们不但改革了军队，并在实战中创造了一套新的战略战术，在欧洲军事史上写下了光辉的一页。

❀ [锡利群岛落日风光]

叼着雪茄与舰共沉

最 / 悠 / 然 / 的 / 赴 / 死

印度和巴基斯坦曾爆发过多次战争，论军事实力，印度明显处于优势一方，但是在第三次印巴战争中，印度的护卫舰居然被巴基斯坦占了个大便宜……

印度与巴基斯坦曾爆发过多次战争，印度一方的军事实力明显高于巴基斯坦，但是，在1971年爆发的第三次印巴战争中，巴基斯坦潜艇却打破了印度海军的神话……

在战争中，印度方派出了多艘护卫舰、大型巡洋舰、驱逐舰，而巴基斯坦方面只有少量的驱逐舰和护卫舰，以及

为数不多的潜艇，因此，在印度洋上形成了印度海军对巴基斯坦海军的碾压之势，印度海军不仅击沉、击伤了多艘巴基斯坦军舰，而且还将其海上通道给封死了。

为了挽回局面，巴基斯坦派出了"汉果"号法制潜艇，游弋在印度海岸线，伺机攻击印度海军舰艇，但是很快就被

❧ [巴基斯坦海军的功臣——"汉果"号]

❧ [被击沉的印度反潜舰——"库卡里"号]

印度海军发现了，于是派两艘反潜护卫舰前去追捕，但追捕"汉果"号的两艘反潜护卫舰的性能远不及巴基斯坦的"汉果"号。

"汉果"号见有追兵，便潜入水下60米深的地方，等待印度海军的两艘反潜护卫舰进入射程。在印度反潜护卫舰进入射程后，"汉果"号便向第一艘护卫舰发射鱼雷，但却没有击中目标，随后又向另一艘舰艇"库卡里"号连续发射了两枚鱼雷。这两枚鱼雷全部命中"库卡里"号的弹药库，引起了巨大的爆炸，仅2分钟之后，"库卡里"号便迅速沉没，舰上共有261名官兵，只有67人获救，这是巴基斯坦海军的一次重大胜利。被击沉的"库卡里"号的舰长本可以逃生

的，但他却叼着雪茄与他的舰艇一同沉入大海。

说起来简直是讽刺，被巴基斯坦"汉果"号潜艇击沉的"库卡里"号，居然是印度海军专职反潜的护卫舰。事后，印度调集了大量海军舰艇对"汉果"号展开追杀，并投下150多枚深水炸弹。而这艘巴基斯坦法制"汉果"号一边躲避追杀，一边趁机上浮充电，最终安全返回巴基斯坦，实属不易。

❧ 我国出口给巴基斯坦8艘S-20型常规动力潜艇，巴基斯坦方几经斟酌，打算将第一艘取名为"汉果"号，这算是一种幽默吧，这对印度来说算是一种侮辱，也是挑衅！

"辛杜拉克沙克"号潜艇

第/一/艘/被/自/家/导/弹/击/沉/的/潜/艇

潜艇是海战中公认的战略性武器，对敌军的杀伤力和威慑力极强，但有时也会成为问题制造者，由俄罗斯为印度制造的"辛杜拉克沙克"号潜艇，就是一艘服役后就问题不断，并被自己导弹击沉的潜艇。

1 995年印度从俄罗斯定制了10艘636型基洛级潜艇，"辛杜拉克沙克"号潜艇就是其中一艘，两年后"辛杜拉克沙克"号制造完成了并开始下水服役，之后此潜艇问题不断，一直在维修中。当时印度海军中流传这样一句话："'辛杜拉克沙克'号不是在维修厂，就是在去维修厂的路上。"

2013年8月14日凌晨，还处于睡梦中的孟买市人在两声爆炸声中，看到了码头方向火光冲天、浓烟四起，爆炸的是"辛杜拉克沙克"号潜艇。事后，经过调查才知道，"辛杜拉克沙克"号潜艇因内部反舰导弹电路短路，艇内两枚"俱乐部-S"潜射反舰导弹被误发射，其中一枚击中码头，一枚则在鱼雷管内爆炸，最终把自己给击沉了，并造成18人死亡。10个月后，"辛杜拉克沙克"号被打捞上来，但俄罗斯维修人员也无法使之恢复使用，最后"辛杜拉克沙克"号只能报废，作为海上训练靶船，印度海军在一次演习打靶射击训练中，彻底

❧ ["辛杜拉克沙克"号潜艇]

"辛杜拉克沙克"号为俄制基洛级潜艇，1995年开建，1997年下水，同年12月交付印度海军服役，舷号S-63。

INS Sindhurakshak

地将它葬送进阿拉伯海。

"辛杜拉克沙克"号因为这一事故，成了世界上第一艘被自己导弹击沉的潜艇，这简直是滑稽透顶。

❧ 基洛级潜艇在国内又被翻译为"千寻"，是因为原文 "Kilo" 的日文发音就是基洛，便音译为"基洛级"。

❧ ["辛杜拉克沙克"号潜艇爆炸位置示意图]

"辛杜拉克沙克"号艇身发生爆炸的罪魁祸首是导弹线路短路，导弹在艇内爆炸，最终才使这艘 2300 吨的潜艇当场沉没。

倒霉的"辛杜拉克沙克"号

"辛杜拉克沙克"号装有 6 具鱼雷发射管，最多可搭载 18 枚鱼雷或潜射反舰导弹，并且采用了当时最为先进、最安静的柴电动力、浮筏减振设备以及低噪声螺旋桨；配合整体圆润的低阻水滴造型。在称赞与期待的目光中，1997 年印度海军拿到了"辛杜拉克沙克"号潜艇，这艘本该创造自己辉煌的潜艇，却制造了接连不断的事故：

2008 年 1 月，在一次军事训练期间，"辛杜拉克沙克"号与一艘商船发生了碰撞事故，之后便被送修；

2010 年 2 月，"辛杜拉克沙克"号在日常维护时电池突然冒烟，引起了一场火灾，致使 1 死 2 伤，整艘潜艇无法正常使用……

2010 年印度军方将"辛杜拉克沙克"号送往俄罗斯返厂大修和改装，2012 年 6 月改装完工，2013 年再次交由印度海军使用便出现了击毁自己的事故。

第一艘潜艇"乌龟"号

身/外/挂/满/炸/药/桶

潜艇的作战性能非常好，所以自发明之初便广泛用于战争。但是你知道吗，在南北战争期间，第一艘潜艇制造成功并参加战斗，其作战方式是人工将炸药桶挂到敌舰上！

1 775 年，南北战争爆发，美国人戴维·布什内尔建造了一艘木壳潜艇，命名为"乌龟"号。它形似鹅蛋，尖头朝下，艇内仅能容纳一人，艇底设有水柜和水泵，另装有手摇螺旋桨，艇外还挂有炸药桶。虽然造型奇怪，但一被造出，就派上了用场。

美国一名陆军中士受命驾驶"乌龟"号，偷袭停泊在纽约港的英国军舰"鹰"号。

"乌龟"号悄悄潜行到"鹰"号舰底部，使用木钻在"鹰"号舰底钻孔，准备在此挂炸药桶。可英国的军舰是以铜皮包裹的，根本无法钻透，几次试验无果之后，这名中士只能草草地在孔中插上铁钉，然后将炸药桶挂在上面，开启定时引爆装置，"乌龟"号潜艇便悄悄地离开了，可当潜艇刚出水面，就被英军的巡逻舰发现，仓皇之下，幸好挂在"鹰"号舰底的炸药桶爆炸了，"乌龟"号才得以安全返航。这是使用潜艇袭击敌舰的首次尝试。

❦ ["乌龟"号模拟复原模型]

搞笑的是，英国皇家海军的记录或报告中从未提及此事，可能是"乌龟"号的攻击太搞笑了，更像传说而不是历史事件。

"二战"真实空城计

没 / 有 / 对 / 手 / 的 / 战 / 争

第二次世界大战中，自从日本进攻澳大利亚后，日本在太平洋战场上的凯歌便不那么嘹亮了。相反，美国和澳大利亚的表现则是可圈可点，这不，美澳联军开始着手反攻，准备收复失地了。

第二次世界大战中出现了许多搞笑的乌龙战，这也难怪：因为当时的战场是"处处开花"，只要是不同阵营，见面就掐。

话说自从美国和澳大利亚海军联合作战之后，太平洋战争的局势就发生了逆转，不仅改写了日本海军"不败"的局面，联军还开始收复失地。

《三国演义》中司马懿率兵乘胜直逼西城，诸葛亮无兵迎敌，但沉着镇定，大开城门，自己在城楼上弹琴唱曲。司马懿怀疑设有埋伏，引兵退去。这就是三十六计中的空城计，意指虚虚实实，兵无常势。而美澳联军在对日本作战的过程中，也遭遇过这样的"空城计"。

当时，美澳联军准备进攻太平洋上一个被日本人占领的小岛，他们共集结了 15 000 名兵士，并向岛上炮击了 2 小时，然后组织士兵进行登陆作战，登岛非常顺利，很快联军便完全控制了小岛，可让他们意外的是，这个岛上根本就没有日本人！

原来以为日军会在小岛上坚固设防，顽强抵抗，谁知日军竟玩起了空城计，这使美澳联军很愤怒！

❋ 早先，澳大利亚并没有直接参与第二次世界大战，在 1941 年珍珠港事件之后，日本对东南亚马来半岛的战役也呈燎原之势。

在一次战役之后，日本俘虏了近 1 万名澳大利亚士兵，并残杀了 8000 多人。之后又去偷袭澳大利亚的达尔文港，战争导致澳大利亚损失了 252 人、35 艘军舰和商船。终于，澳大利亚忍无可忍，开始全面参与对日本人的战争。

❋ [日本轰炸澳大利亚达尔文港——1942 年]

1942 年 2 月 19 日，达尔文港遭到日本的第一次突袭。照片中的澳大利亚海军军舰"德洛雷因"号躲过一劫。

虎式重型坦克对决战列舰

嚣/张/的/代/价

虎式坦克与战列舰对战，双方谁也占不到便宜，就怕有人妄动。德军坦克营指挥官在嚣张之后，被盟军战列舰一炮就轰回"老家"了，坦克变成了一堆零件，只得回炉重造。

虎式坦克是"二战"中德军所使用的重型坦克，凭借强大的火力、超群的防御力取得了无数战果。在诺曼底登陆战中，曾在欧洲战场上几乎没有败绩的一个王牌虎式坦克营开到海边防御工事前，用虎式坦克炮轰登陆的士兵。

殊不知虎式坦克已经进入盟军海面舰队的射程，盟军战列舰立即对这个坦克营开炮。而德军的这个指挥官可能有点得意忘形，不假思索地就直接指挥虎式坦克和盟军的战列舰对轰。要知道战列舰可是海洋上的霸主，火炮口径远远超过虎式坦克。在盟军3万吨级的战列舰上的火炮一阵乱轰之下，这些陆地最强霸主虎式坦克被直接轰回零件状态。

❧ [虎式坦克]

虎式坦克是"二战"中德国的著名坦克，从1942年下半年服役起至1945年德国投降为止，一直活跃于战场第一线。它凭借强大的火力、超群的防御力取得了无数战果，导致它成为盟军最危险的对手。"二战"中凡是能够击毁或击伤虎式坦克，致使其被遗弃的盟军坦克，都被称为"驯虎者"。

一个人击毁一艘核潜艇

史/上/最/强/人/类

核潜艇是如今各国之重器，它拥有其他武器望尘莫及的强大战斗力，然而，有这样一个普通人，赤手空拳把一艘核潜艇给击毁了，他被称为史上最强人类。

❀ ["迈阿密"号核潜艇]

核潜艇就像一个大铁弹一样，可以长期待在水下，并且拥有强大的战斗力，使它成为和航母齐名的国之重器。可就是这样一个威武的武器，居然被一个普通人类徒手给击毁了，没错，就是徒手！

这个强悍的人就是凯西·詹姆斯，

他是美国朴次茅斯海军造船厂的一名油漆工，虽然电影里的超级英雄都喜欢伪装成小人物，隐藏在普通职位上，但是詹姆斯确实是一个货真价实的普通人。2012年5月23日，他干了一件轰动一时的大事件。之前，他与女友吵架了，工作状态和心情都不太美好，于是，詹姆斯把船坞里没用的杂料给点燃了，他想通过这样的方式释放一下自己，但让他意想不到的是，火迅速燃烧，蔓延到了整个船坞，并且持续扩大，一直到无法控制。虽然消防人员及时赶到，但仍然无法将火扑灭，最终大火燃烧了近12个小时，导致价值几十亿美元的"迈阿密"号核潜艇被损坏，同时也造成了7人受伤。

事后统计，这场大火的直接损失超过4亿美元，而被损坏的"迈阿密"号核潜艇的维修费用高达7亿美元，由于时值美军经费紧张，没有办法拿出这么多钱，只能先将核潜艇搁置。而纵火犯凯西·詹姆斯也为他自己的冲动付出了代价，他将在监狱里度过17年零3个月。

任性的美国

沉 / 睡 / 在 / 海 / 底 / 的 / 财 / 富

第二次世界大战时期，美国在南太平洋设置了第二大美军基地，名叫圣埃斯皮里图。随着战争的结束，存放的大量军备物资因为无法带回本土，所以美国打算出售给英、法两国。但英、法两国觉得即使不买，美国也带不走，可是他们没想到，任性的美国打破了他们的如意算盘。

在南太平洋瓦努阿图的圣埃斯皮里图岛的海岸之下沉睡着大量军事机械装备和战略物资，这都是美国丢弃的东西。如今，这些物资在海底沉睡了多年，已经被严重腐蚀了，很多喜爱潜水的游客会来此寻宝，岛上的居民也常会打捞一些腐旧的军用物品，当废品卖。

军事基地——圣埃斯皮里图

"二战"时期，圣埃斯皮里图是美国的军事基地，并曾作为美国在太平洋作战的海、陆两军的总部。当时，圣埃斯皮里图有超过 40 000 名士兵常驻在这里，这里有为海、陆两军提供维修、装备以及生活的物资，甚至连家具、衣服都有。

狡猾的买主

战争时期"应有尽有"的圣埃斯皮里图，为战争提供了良好的后勤服务，但是第二次世界大战结束后，麻烦就来了：这些物资该如何处理？因为这些东

西如果运回美国本土，成本实在太高了，像啤酒、家具这些东西，也没有运回的价值，所以美国人打算将它们卖给英国

和法国。但是作为买主的英国和法国却不想掏钱。因为他们享有这个岛的主权，所以他们觉得即便不买，你美国也不会带走，我何必再花这笔钱呢?

❧ [圣埃斯皮里图军事基地]

　　英、法两国准备捡漏的心思瞒不过美国人，这让美国人大为恼火，一怒之下，便将这些物资全部沉入海底：带不走，也不能便宜了英、法两国。

❧ [探索遗迹的潜水者]

对手到底是谁

无/巧/不/成/书

正所谓兵不厌诈，为了打赢战争，无论什么样的招都能用，只要有用就行。在第一次世界大战时期，英国和德国之间就发生了这样奇葩的事件：双方均伪装成对方，在茫茫大海上双方遇到了另外一个自己……

伪装是战争中常用的技术手段，有人用计谋迷惑敌方，有人乔装打扮迷惑敌方。

在第一次世界大战期间，主角是同盟国和协约国的两个核心国家：德国和英国。德、英两国当时的海军实力相差不大，所以在你来我往的战斗中，各有损失，造军舰不是做饭，不是一时半会能完工的，所以为了弥补军舰的不足，只能将一些运输船改成军舰使用。

油轮改头换面成军舰

先说英国这边，第一艘改造的军舰就是当时比较豪华的"卡门尼亚"号客

❧ ["卡门尼亚"号]

"卡门尼亚"号原本是客轮，改装后分类为武装商船巡洋舰，装备有8门4.7英寸炮，用于船队护航，同时也用来猎杀同盟国煤船和小型袭击舰。

轮。这艘客轮曾多次往来于欧洲各个主要港口，只需加上相应的武器，装上防弹装甲、配置各种火炮和机枪，英国轻轻松松地就将这艘客轮改成了军舰。

["特拉法加" 号]

改造后的 "特拉法加" 号装备两门4.1英寸炮和6门1磅砰砰炮，用作袭击舰。

与此同时，德国这边也将"特拉法加"号客轮"改头换面"。为了让它能够具备巡洋舰的能力，德国花费了巨大的人力、物力，为其配置了许多新的装置，并具备了独自作战的能力。

改造相较于制造，不仅仅是一字之差，在战争爆发的特殊时期，许多武器的技术升级都要在时间与造价间获得平衡。就这样，"卡门尼亚"号和"特拉法加"号便正式投入了海战中。

第一个巧合：相同的伪装术

为了更好地执行任务，德国"特拉法加"号的舰长对该舰进行了一番伪装。因为该舰舰长曾在荷兰的鹿特丹见过英国的游轮"卡门尼亚"号。他认为，如果将"特拉法加"号伪装成"卡门尼亚"号的样子，航行于常有协约国船只出没的海域，更加便于偷袭，于是经过几个星期的改造，"特拉法加"号的外形变成了"卡门尼亚"号的样子。

可巧的是，英国的"卡门尼亚"号舰长也有相同的想法，因为他曾见过德国的"特拉法加"号，于是便将船伪装成了该舰。

这就搞笑了，原本英国的"卡门尼亚"号，经过伪装变成了德国的"特拉法加"号；而德国的"特拉法加"号则变成了英国的"卡门尼亚"号，也就是说，这两艘军舰在外观上做了个对调。

第二个巧合：相同的战场

1914年秋，两艘经过伪装的船只都被派到了南大西洋，更为巧合的是，它们居然在同一片海域遭遇了。

这两艘经过伪装的民船，看到对方

时都不禁一愣，居然看到了自己？于是他们懵了，这到底是自己这方的，还是敌舰的伪装？一时间，双方处于诡异的平静之中。

不一会儿，改装成德国的"特拉法加"号的"卡门尼亚"号升起了英国军旗，示意对方不要开炮。改装成英国的"卡门尼亚"号的"特拉法加"号上的德军看到了英国军旗，便全速向对方开去。开始时，"卡门尼亚"号还真以为是友舰，但当两艘船靠近时，假的"卡门尼亚"号已经把炮口对准了假的"特拉法加"号，就这样两舰展开了激烈的战斗，最

❧ 改装的巡洋舰通常火力和防护水平都较弱，航速比军舰慢，无法与正规军舰相抗衡，更不会用于组成战列线进行会战；平时活动时，也都会刻意避开敌国正规军舰的活动范围。

终，德国军舰被打得无法动弹，15名士兵战死。英舰也被打穿，不能正常驾驶，有10人阵亡。

一个巧合不算巧，多个巧合碰到一起，才凑成了这个事件，也成就了古今中外海战史上的一件奇事。只是英、德双方，打到最后都没闹明白：对手到底是谁？

❧ [交战的伪装舰]

泄露军事计划的字谜游戏

如/此/游/戏

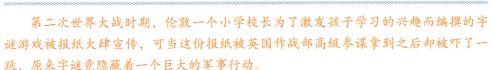

第二次世界大战时期，伦敦一个小学校长为了激发孩子学习的兴趣而编撰的字谜游戏被报纸大肆宣传，可当这份报纸被英国作战部高级参谋拿到之后却被吓了一跳，原来字谜竟隐藏着一个巨大的军事行动。

伦敦流行的新游戏

"二战"时期，德国长时间对伦敦实施轰炸，导致伦敦市内一片废墟。在这种情况下，孩子们根本没有兴趣学习。为了激发孩子们的兴趣，伦敦北部的一所小学的校长，特意编撰了一些字谜，与学生们一起游戏。因为谜底新颖有趣，使学生们的学习效率大为提高，不久后，由于《每日电讯报》的刊登，使整个伦敦都在流行着这样的字谜游戏。

作战参谋的新发现

1944年5月底，英国最高司令部的一位参谋在乘火车时，为了打发时间，买了一份当日的《每日电讯报》，饶有兴趣地猜起了上面的字谜。

聪明的参谋很快就猜出了第一个单词"奥马哈"，这让这位参谋很震惊，这是即将开始的重大军事行动——诺曼底登陆战的第一个地点代号。

世间的事，总有些巧合的，这位参谋也是这样开解自己。

🐚 [纳粹德国在诺曼底登陆战的指挥官——隆美尔]

隆美尔，纳粹德国的陆军元帅，世界军事史上著名的军事家、战术家、理论家，绰号"沙漠之狐""帝国之鹰"，他与曼施坦因、古德里安，被后人并称为第二次世界大战期间纳粹德国的三大名将。

❦ [诺曼底登陆战盟军指挥官——艾森豪威尔]

艾森豪威尔，第二次世界大战期间，他担任盟军在欧洲的最高指挥官，1944—1945 年负责计划和执行监督进攻法国和纳粹德国的行动。

1948 年 2 月退役，任哥伦比亚大学校长至 1953 年（但从 1950 年起一直缺席而担任北约司令）。

1952 年作为共和党总统候选人参加竞选总统获胜，成为美国第 34 任总统，1956 年再次竞选获胜，蝉联总统。

1969 年 3 月 28 日在华盛顿因心脏病逝世。

他接着又猜出了字谜"犹他""霸王"……这些都是诺曼底登陆的地点代号和战略佯攻计划。

无心之过，还是有心为之？

这未免过于"巧合"了吧，当这位参谋怀着不安的心情开始琢磨，"这是一个高级军事机密，除了司令部之外，其他部队，甚至连将要担任此次行动的指挥官都不知道。为什么字谜游戏却能将绝密的信息公之于众？这个人想干什么呢，是否是敌军的奸细呢？"

想到这，这位参谋立刻派人将编撰字谜游戏的小学校长特里给抓了起来。

经过多次审讯，发现特里的行为"纯属巧合"，因为他不了解这些谜底的特殊含义，仅是为了提高学生的学习兴趣，而且他早在半年之前就已经编制过一套字谜了，而那时，恐怕还没有诺曼底登陆作战计划呢。

❦ [《六月六日登陆日》——电影海报]

《六月六日登陆日》，又被译为《诺曼底登陆战》，是以诺曼底登陆战为原型的电影。

"叛变"的鱼雷

被/自/己/发/射/的/鱼/雷/击/沉

第二次世界大战时，美国"唐格"号潜艇在台湾海峡拦截日本运输船，当它发射出一枚鱼雷准备结束战斗时，那枚鱼雷却突然掉头，直奔自己袭来。最后，倒霉的"唐格"号潜艇被自己发射的鱼雷击中，葬身海底。

❧ ["唐格"号潜艇的宣传图标]

❧ ["唐格"号潜艇]

第二次世界大战时期，美国的海军实力非常强大，他们的潜艇也是出类拔萃。然而美国的"唐格"号潜艇，发出的鱼雷经过180度大转弯之后，精准无误地击中自己，导致潜艇沉没，这个事件使美国潜艇部队颜面扫地。

屡立战功的"唐格"号

"唐格"号在1943年10月编入美国太平洋舰队潜艇部队，于1944年1月22日开始第一次执行任务。在"冰雹"战役中，该潜艇受命在特鲁克群岛西部海域占领阵位，切断日军舰船退路，由于完成任务出色，之后便开始独自在东海执行拦截任务。

1944年7月，在中国大连至日本九州的航线的一次战役中，"唐格"号击沉了10艘日本货船，之后，在舰长奥克恩的率领下，"唐格"号屡立战功。

"精准"的射击，鱼雷诡异的转弯

1944年9月，"唐格"号潜艇奉命在中国东海海域封锁台湾海峡，拦截日本运输船。在一次战斗中，"唐格"号击沉了3艘日本货船，又将两艘击伤，它再次发射出两枚鱼雷，本想将日本另外两艘受伤的货船送入海底。可是出人意料的是，本来飞向日本货船的鱼雷，突然经过180度的调头，直奔自己飞来，由于事出突然，闪躲不及，鱼雷击中"唐格"号潜艇的尾部，发生剧烈爆炸，导致舱体进水，不久后便沉入海底。潜艇上的官兵大部分丧生，只有少数活了下来，还有些被日本人俘虏。

为什么鱼雷会调头飞向自己？这个问题没人能够回答，这枚"迷路"的鱼雷制造了一次糟糕的巧合。

日本微型潜艇部队

只/想/偷/袭/美/国/本/土/的/日/军/部/队

第二次世界大战时期，由于美国的参战，日本"不会战败"的战争轨迹被改写了，日本对美国更是怀恨在心，特意组建了一支潜艇部队，专门用来偷袭美国本土。

第二次世界大战中，潜艇的应用达到了高峰，不仅德国有强悍的狼群潜艇，日本也有一个专门搞偷袭的潜艇部队。

日本与美国的主要战场都是在海上，为了能够牵制美国，日本决定借助自己的潜艇部队搞点事情。

第一次偷袭美国本土

偷袭珍珠港之前，日本曾派5艘微型潜艇驶进珍珠港，本来他们是想通过潜艇袭击珍珠港的，但很快就被美军发现，不仅没有完成计划，5艘潜艇也全军覆没。

第二次偷袭美国本土

日本一直都在伺机偷袭美国本土，这一次日本得到了一个信息：美国的俄亥俄州由于干旱少雨，气候干燥。于是，日本作战部研究，如果在夏季用燃烧弹攻击美国，必能给美国带来不小的经济损失。

于是，在1942年9月，日本派遣潜艇部队，悄悄地进攻美国的俄亥俄州。此次计划进行得十分顺利，美国西海岸

❀ [80艘日本D型微潜艇— 1945年旧照]

的森林开始燃烧起来。但是天公不作美，下起了大雨，把刚烧起来的火种全都浇灭了。就这样，一场企图挫败美国的大火，被大雨浇灭了。

日本接二连三的偷袭，使美国学乖了。1943年，美国在俄勒冈附近发现了疑似日军的潜艇。美国军部毫不留情地对这一片海域进行了长达几天的狂轰滥炸，虽然这一举措害苦了水下的生物，却也使日军攻击美国本土的计划一直没能成功实施。

或许由于一直无法从水下偷袭美国本土，加上美国的防御部署很严，所以日本通过空袭偷袭珍珠港时，出手才会那么重。

被误认为的友军轰击而亡

死/不/瞑/目

第二次世界大战中，日本海军少将后藤存知在执行"东京快车计划"时，由于海上能见度差，将美舰误认为友舰，并且直到死时，都以为是被误伤。

❀ [对埃斯佩兰斯海战的描绘]

东京快车计划

1942 年 9 月初，日军组织了一支由驱逐舰和小型运输船组成的舰队，计划利用夜幕闯入"铁底湾"，迅速卸下支持瓜岛的人员和物资之后，立即炮击瓜岛机场，一击得手后立即结束战斗。这样的作战方式被称为"东京快车计划"。

1942 年 10 月，由后藤存知少将任指挥官，带领日本第 6 舰队前往瓜岛运送物资，后藤存知的舰队按照计划行事，可不巧，他与美军舰队在埃斯佩兰斯海域相遇，发生了海战。

由于当时海上的能见度很差，后藤存知根本没认清对手是谁，他还以为是友舰，在对方都已经开火的情况下，后藤存知还在不断地发出表明自己身份的灯光。美方舰队顺着后藤存知军舰的灯光，直接攻击目标，一炮就将后藤存知送去见了他的天照大神。

直到死时，后藤存知都不知道对手是美军舰队，死前他还在喃喃自语："一群白痴，明明是友军，居然还拿炮轰我！"

用鱼雷打迫击炮

登 / 陆 / 战 / 的 / 新 / 利 / 器

鱼雷是一种水中兵器，而迫击炮则是守卫城池的强悍武器，如果用鱼雷进攻迫击炮会怎样？

1942 年，苏联决定要进攻一个被德国占据的小岛。这个小岛虽然不大，但是德军在小岛岸边修筑了坚固的堡垒，部署了 120 mm 的迫击炮防御圈，强行登陆很困难。

在没有足够武器能够压制这些杀伤力巨大的迫击炮的情况下，怎么强行登陆？这一问题可难坏了苏军指挥官，只能将进攻的时间一拖再拖。

这天，苏军指挥官恰巧看到海军鱼雷艇的训练，训练中一枚失控鱼雷冲上海岸，快速地向前飞去，鱼雷滑行了很远才停下来，这个场景使他有了进攻小岛的点子。

经过多次鱼雷实验后，苏军指挥官带着他的"秘密武器"，开始了对小岛的进攻。战争打响后，只见苏军这边一枚枚鱼雷，犹如巨大的火药桶，直接窜入德军的炮兵阵地，守岛的德军做梦都没想到，轰击他们的不是飞机，也不是远程炮弹，而是鱼雷，德军迫击炮阵毫无还击之力，被呼啸而来的鱼雷轰炸得

❄ [120 mm 重型迫击炮]

许多国家都研发了自己的重型炮，但唯有 120 mm 重型迫击炮，不分东方、西方、发达、不发达国家，它都牢牢地占住了陆军师团级支援火力的位置。在第二次世界大战时期，只有苏联最为重视 120 mm 重型迫击炮，"二战"以后，120 mm 重型迫击炮凭着优异的性价比，一举横扫了其他火炮，成为团级火炮的不二之选。

干干净净，苏军顺利地夺回了小岛。

战场瞬息万变，虽然苏联海军用鱼雷攻击小岛的做法有点滑稽搞笑，但是这却是一次有效的打击，俗话说，不管白猫、黑猫，抓到老鼠就是好猫。相信只要战争打赢了，怎么做都是对的。

被土豆击沉的潜艇

意/想/不/到/的/反/潜/武/器

第二次世界大战中，德国的狼群战术赫赫有名，取得了不俗的战绩，但是德国的盟友日本人有一艘潜艇却没有这么幸运了，最搞笑的是击败它的不是导弹，而是土豆！

众所周知，日本偷袭了珍珠港之后，就正式与美国开战了，当时日本的海军实力堪称一流，难逢敌手。

1943年4月5日，美国海军驱逐舰"奥班农"号在所罗门群岛海域巡逻，遭遇了出水换气的日本潜艇，"奥班农"号舰长大喜过望，因为只有一艘潜艇，可以拿来练手。于是，他命令船员开足马力驶向日本潜艇。可靠近后才发现，这居然是一艘专门布雷的潜艇，艇上肯定有尚未布置完的水雷，如果撞上它，那势必同归于尽。这可愁坏了"奥班农"号，既不能放过它，又不能用炮轰它，该怎么办呢？一时间，"奥班农"号只得与日本潜艇并行。因为两艘船靠得足够近，潜艇上的日本兵知道"奥班农"号的顾虑，纷纷从潜艇舱内跑出来，拿出机枪朝"奥班农"号扫射。

"奥班农"号舰上有炮之类的武器，却没有可移动的机枪，面对敌人的进攻，士兵们情急之下，抓起甲板上的土豆就往日本潜艇上扔。

由于是傍晚，加上机枪扫射出的烟雾，日军只看到美军扔过来的一颗颗的东西，以为是手雷，艇长在慌乱中急忙下令"速潜"，由于下潜速度过猛，潜艇一头栽到水底礁石上，遭到严重损伤，失去了机动能力，"奥班农"号抓住机会，迅速在潜艇下潜的地方扔下数枚深水炸弹，击沉了日军的这艘潜艇。

❖ [美国"奥班农"号驱逐舰]

在第二次世界大战中，"奥班农"号驱逐舰共获得17颗战斗之星，为"二战"美国海军驱逐舰之最（而在"二战"所有美国舰艇之中，其仅次于"企业"号航空母舰、"圣迭戈"号轻巡洋舰和"旧金山"号重型巡洋舰），同时它也获得了"美国总统部队嘉许奖"。另外，在整个战争期间，"奥班农"号不但奇迹般的无人战死，而且连一个受伤的都没有，所以获得了"Luck-0"的称号。

"UB-65"号的潜艇

被/诅/咒/的/幽/灵/潜/艇

在第一次世界大战期间，有这样一艘潜艇，从它开始制造就事故不断，夺去了许多人的生命。因此，它也被称为被诅咒的潜艇，它就是"UB-65"号。

🌿 ["一战"时德军使用的 U 艇——"SM UB-110"号]

"一战"时德国使用的 U 艇内部结构非常复杂，这艘德国 U 艇在当时是威力相当强大的柴电动力潜艇，1918 年建造完成并下海服役，可惜几个月后就被英国军舰击沉。

　　"幽灵潜艇"一般常出现于影视作品中，许多人对它嗤之以鼻，但是 1917 年在大西洋上作战的德军"UB-65"号潜艇却是一艘真实存在的"幽灵潜艇"。

意外：建造以来意外不断

　　1916 年，第一次世界大战正在进行，德国在比利时的布鲁日造船厂定制了一艘新型潜艇，它将是日后大西洋战场上重要的军用潜艇。

　　第一次意外：在造船厂中安装"UB-65 号"的大型铁骨时，由于铁骨突然脱落掉下，正好砸中了下面两位工作人员，1 人当场死亡，另 1 人因来不及救治而宣

 ["UB-47"号潜艇]

这是"二战"时击沉"皇家橡树"号战列舰的"U-47"号潜艇。"U-47"号潜艇 1937 年 2 月 25 日开始建造并于 1938 年 10 月 29 日在基尔的克虏伯造船厂下水。在它服役生涯中，33 艘商船被击沉、8 艘受损，最出名的战绩是在 1939 年 10 月 14 日击沉了英国皇家海军战舰"皇家橡树"号。"U-47"号潜艇被认为是第二次世界大战期间最成功的 U 型潜艇，是德国狼群战术中最凶狠的头狼。

告死亡。

第二次意外："UB-65"号终于建造完成，下水试航前，3 个工作人员进舱检查，却因一氧化碳中毒死亡，至于为何舱内会有一氧化碳，原因始终不明。

第三次意外："UB-65"号潜艇下水试航，有名船员却意外落入水中，多方打捞，却没有找到他的身影。

第四次意外："UB-65"号慢慢沉入水中，但很快又有意外发生了。潜艇上的船员们失去了对潜艇的控制，直到它沉入海底才停止不动。所幸这次没有人因此而丧命。之后，"UB-65"号便被送回船坞进行修理，准备迎接首次的任务。

第五次意外："UB-65"号因屡次出现意外，让技术人员大为紧张，因此在首次出任务之前，技术人员反复检查设备，保证完全没问题才开始起航了。"UB-65"号的首次任务是巡航，经过几日的航行，它平安地返回布鲁日港，准备在此补充食物和弹药再次起航。可就在刚刚装载完食物和弹药时，潜艇上的鱼雷却突然爆炸了，这次又带走了 5 条生命。其中有一名船员叫修巴鲁兹。

很快，这艘船发生的意外事件便传开了，而且也越传越玄，各种难以想象的故事都被加在它的身上。

这艘潜艇犹如被诅咒了一般，越来越多的船员都不愿意登上这艘"夺命潜艇"。

惊吓：修巴鲁兹再现

1918 年，"UB-65"号奉命击沉在英吉利海峡航行的敌人渔船和商船，在经过一段时间的航行之后，"UB-65"号浮出水面充电，由于离英国海军基地很近，于是就派出了 3 人登上甲板进行警戒。其中一人面朝另外一个方向警戒，在潜艇充电完成后，别人喊他回来的时候，他转过了头，居然是修巴鲁兹！是的，就是前面提到的已经死亡的修巴鲁兹，这可让大家吓了一跳，连舰长也是吓得

合不拢嘴。可这时，修巴鲁兹在离众人数米外时，突然又像烟一样消失了。

"UB-65"号消失并不是事件的终点

"UB-65"号经过惊心动魄的英吉利海峡航行之后，回到了布鲁日基地，由于前面的多次意外，这艘潜艇已经臭名昭著，没有人愿意登上它，军方便将其扔在基地，不再理会，2 个月后，德国海军宣布"UB-65"号消失了。搞笑的是，"UB-65"号消失并不是事件的终点，而只是一个起点，因为之后的传言越来越玄乎，比如有军舰看到浮在海上的"UB-65"号，并看见修巴鲁兹矗立于潜艇之上……

❧ [电影《深层恐怖（Below）》]
"UB-65"号的故事与该电影的剧情相似，电影剧情是虚构的，而"UB-65"号的故事确是真的。

❧ "一战"时的潜艇与现在的潜艇不同，当时的潜艇只要有可能，一般保持水面航行状态，只有在发起攻击或受到威胁时，才会紧急下潜，从而达到战术突然性和隐蔽性的目的。

在嘚瑟中被炮弹击中

乐/极/生/悲

大寺安纯生于日本鹿儿岛县，曾参与过侵略中国的战争。在威海保卫战中，在配合战地记者拍照的过程中被"定远"号一炮击中，送医院后不治身亡。

★ ☙ ★

大寺安纯，1846 年 3 月 9 日出生于日本鹿儿岛县。毕业于日本陆军预备士官学校，他的一生参与了多场对中国的侵略战争。

参与甲午中日战争

甲午中日战争爆发时，大寺安纯以师团参谋长身份，随军来到辽东半岛参战，入侵中国东北。

进入东北旅顺后，大肆屠杀百姓，除留 36 名中国人作掩埋尸体的苦力外，其余不分男女老幼全部杀死，4 天时间共屠杀无辜平民近 2 万人，谓之"甲午旅顺大屠杀"。大寺安纯便是这次暴行的罪魁祸首之一。

❀ [大寺安纯]

在嘚瑟中被轰

1895 年 1 月，大寺安纯被任命为旅团长来到山东，在威海登陆战中，清军失守。1 月 30 日，在指挥日军攻占摩天

❀ 打死大寺安纯的正是清军的北洋海军旗舰"定远"号。
大寺安纯是近代史上首个被中国军队击毙的日本将军。当然，他不是最后一个。

岭炮台后不久，大寺安纯在护卫的簇拥下来到炮台视察。大寺安纯在随军记者的夸奖下，摆出各种好看姿势配合记者拍照，正在嘚瑟的时候，被"定远"号炮弹击中，一时间，炮台、少将、记者全被烟雾笼罩。

虽然大寺安纯在第一时间被送往医院，但终因伤重不治，与那位随军记者一起，命丧黄泉。

作为军人，马革裹尸固然光荣，但是在一场胜利的战役中，尤其在胜利之后拍照留念时被打死，他也算是空前绝后了。

"死神"号

在/海/上/溜/达/了/50/年/的/鱼/雷

在茫茫的大海上，有一枚令各国航海者都闻之色变的"死神"号鱼雷，水兵和船员们听到它的消息，都会被吓得心神不定，生怕不知道什么时候碰到而成为它的猎物。

鱼雷既可用于攻击敌方水面舰船和潜艇，也可以用于封锁港口和狭窄水道。作战的时候，潜艇或舰船用鱼雷发射管把鱼雷发射或投掷出去，发射后的鱼雷可自己控制航行方向和深度，遇到舰船，只要一接触就会爆炸。

鱼雷使用的动力有两种，一种是热动力，另一种是电动力。鱼雷本身没有多大能量，航程一般都不会超过4万米。即使是最新式的鱼雷，航程也只有4万米。如果没有击中目标，鱼雷在跑完自己的航程以后，就会沉到海底或者自行爆炸。

有趣的是，在世界海战史上有一枚鱼雷，发射出去以后没有击中目标，却没有沉到海底，也没有自行爆炸，而是在大海上溜达了50多年。

[鱼雷]

鱼雷是一种可以自行推进、控制方向以及控制吃水深度的海战兵器。鱼雷的形状就像一根大圆柱子，头部装着引信和炸药，中部装着燃料和动力装置等，尾部装着推动器。

日德兰海战发生于1916年5月31日至6月1日，是英德双方在丹麦日德兰半岛附近北海海域爆发的一场大海战。

此战德国公海舰队以相对较少吨位的舰只损失击沉了更多的英国军舰，从而取得了战术上的胜利，但德国突破协约国在北海封锁的战略失败了。这是第一次世界大战中最大规模的海战，也是这场战争中交战双方唯一一次全面出动的舰队主力决战，结束了以战列舰为主力舰的海战史。

死神没收"死神"号

第一次世界大战的时候，英国舰队和德国舰队在日德兰半岛附近的北海海面上进行了一场激烈的海战，这就是世

[鱼雷发射的瞬间]

界海战史上著名的"日德兰海战"。战斗进行得异常激烈，双方的损失都很大。

1916 年 5 月 31 日，德国公海舰队司令舍尔一看大势已去，指挥舰船掉头逃跑。英国军舰"鲁斯普斯"号连忙发射出了一枚鱼雷，代号叫"死神"，杀伤力相当于 10 吨 TNT 炸药。

"死神"号鱼雷朝着德国战舰冲了过去。没想到，眼看就要击中德国战舰的时候，却一转弯溜走了。德国舰船因此逃过一劫。

让人吃惊的是，没有击中目标的"死神"号鱼雷既没有爆炸也没有沉入海底，而是开始了它长达半个世纪的海上漫游。

飘忽不定的"死神"号

"死神"号鱼雷没有击中目标，就

TNT 炸药是一种烈性炸药，每千克 TNT 炸药可产生 420 万焦耳的能量。值得注意的是 TNT 比脂肪和糖三硝基甲苯释放更少的能量，但它会很迅速地释放能量，这是因为它含有氧可作为助燃剂，不需要大气中的氧气。而现今有关爆炸和能量释放的研究，也常常用"千克 TNT 炸药"或"吨 TNT 炸药"为单位，以比较爆炸、地震、行星撞击等大型反应时的能量。

两艘美国军舰曾在坦帕海湾堵住了"死神"号鱼雷，打算用反鱼雷装置把它击毁，可是，突然海上狂风大作，雷雨交加，美国军舰虽然不停地向"死神"号开炮，但除了看到炸起的一个个水柱，并没有听见鱼雷的引爆声。一个月后，"死神"号鱼雷又开始四处游荡。

❧ [德国"S90"号大型鱼雷艇]
在第一次世界大战中，德国鱼雷艇是专门用于攻击敌方大型舰艇的快艇。

神秘地在大海上闲逛，好多次和德国潜艇打过照面，也在公海上与商船兜过圈子。后来，美国海军用反鱼雷装置、炮击都没能成功击毁它。之后，"死神"号又晃荡到了委内瑞拉的海岸边，随后又游到了巴拿马运河，还在其他大洋中到处游荡。

1945年以前的30年中，"死神"号飘到了太平洋。

1946年8月，"死神"号出现在苏门答腊的海面上。后来，"死神"号鱼雷又像幽灵一样在美洲海域冒了出来。

20世纪60年代的时候，"死神"号鱼雷第二次像幽灵一样"周游"世界各大洋，然后转向了内海，出入各个港湾。

从1916年开始，到有记载的最近一次出现，它已经在各大洋上神出鬼没的漂浮了50多年。这枚一直没有维修，早应该失去动力的鱼雷，依旧在海上航行着。

"死神"号鱼雷为何能够在海洋中漂流这么长时间？它还要飘荡到什么时候才算个完呢？没有人能够回答。

沉默多年的"死神"号，也许已经沉入幽深的海底，也许还在某处神秘的港湾暂时蛰伏，也可能继续在海上飘荡……

❧ [现代鱼雷导弹]

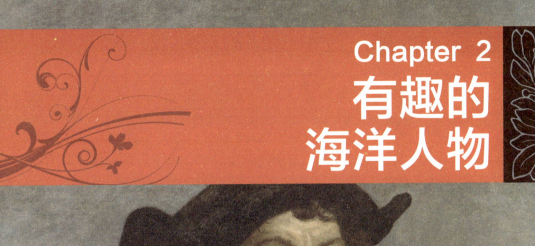

Chapter 2

有趣的
海洋人物

马可·波罗

中/国/行/引/发/的/争/议

马可·波罗是世界著名的旅行家，著有《马可·波罗游记》，他对东方的描写影响了西方当时一大批的航海家，但是，你知道吗？人们只为他是否来过中国就争论了近700年。

🌿[身着蒙古鞑靼服饰的马可·波罗]

前段时间，一部高成本美剧《马可·波罗》使人将目光再次投向了马可·波罗这位富有传奇色彩的游记作家。

马可·波罗其人

首先来了解一下马可·波罗其人其事。

马可·波罗出生于13世纪，但很难说他是哪国人，出生于商人世家的他经常会跟着父亲游历各国，所以史料上只会说他"来自意大利"。由于家庭的耳濡目染，使马可·波罗渐渐喜欢上了这样的生活，他甚至希望能够到达当时威尼斯人眼中的理想国度"东印度以东"。

在马可·波罗17岁的时候，他跟随父亲、叔叔，花了4年时间，得偿所愿，终于到达了中国（当时的元朝），并且在中国生活了17年。回国之后，他将所见所闻口述由别人记录整理，形成了轰动一时的《马可·波罗游记》一书。

❀ [17 世纪的威尼斯]

威尼斯是一个靠水发家的临水之邦，自 13 世纪
之后，威尼斯有了快速的发展，17 世纪已经如
此繁华了。

❀ 对于杭州，马可·波罗丝毫不吝赞美之词。
根据他的描述，我们似乎可以揭下这座城市
当年的面纱：周长百里，规模甚大，外有护
城河环绕，城内道路、河渠、桥梁不仅宽广
而且纵横交错，"内有一万二千石桥，桥甚
高，一大舟可行其下。其桥之多，不足为异，
盖此城完全建筑于水上，四围有水环之，因
此遂多建桥以通往来。"

"全民探险"的威尼斯

13 世纪的威尼斯，水道繁忙，大有
成为地中海最富有的港口之势。当时，
威尼斯的商人在欧洲各地都是大名鼎鼎，
他们的商船往来于罗马和君士坦丁堡之
间，把当时最贵重的东方丝绸、瓷器和
香料卖去欧洲各地。

精明的威尼斯商人渐渐发现，如果
不经过君士坦丁堡这一个环节，直接将
东方的货品贩运到欧洲，能够带来更大
的利润。恰逢此时中国的元朝崛起，连
通了欧亚航道，"到东方去"成为当时
威尼斯商人的新理想。

也正是这个时候，《马可·波罗游
记》一书问世，虽然饱受争议，但《马
可·波罗游记》在欧洲掀起了一轮又一

轮的中国热潮。这本书在当时的欧洲影响力巨大，大航海时代的几位重要航海家，包括哥伦布和达·伽马等人，都曾经反复阅读过这部传奇著作。

马可·波罗眼中的大都

马可·波罗由敦煌经河西走廊到达大都（就是如今的北京），当时的大都异常繁华，在马可·波罗的书中这样记载："世界上任何珍稀的物品都能在大都市场上获得，在大都仅每天驮运生丝进城的车就不下上千辆。"

除了这些，《马可·波罗游记》中还介绍了许多新鲜的事物，比如："大汗用树皮所造之纸币通行全国，当金银一样充军饷。"元朝拥有最为先进的纸币经济制度，这一点推行得非常好，甚至连其后世的明朝都比不上。

❀ [马可·波罗纪念馆]
马可·波罗纪念馆位于扬州市区天宁寺内，纪念古代来自威尼斯的友好使者马可·波罗。

❀ 《马可·波罗游记》中记录，马可·波罗在扬州为官三年，并将扬州较早向世界推介，是扬州千年历史长河中较为重要的人物。而且，据相关资料记载，马可·波罗从泰州骑马进入扬州时，东关古渡是他进入扬州的第一站。

❀ [《马可·波罗游记》一角]

再如："每一条大路上，按照市镇的位置，每隔大约25或30英里，就有一座宅院，院内设有旅馆招待客人，这就是驿站或递信局；每一个驿站上常备有400匹良马，用来供给大汗信使往来之用；在各个驿站之间，每隔3英里的地方就有一个小村落，大约由40户人家组成，其中住着步行信差，也同样为大汗服务；在每一个3英里的站上有一个书记，负责将一个信差到来与另一个信差出发的时间记录下来。"这就是我国古代的"驿站"制度。

《马可·波罗游记》中这样的记录比比皆是，对于中国人来说这些并不陌生，可在欧洲人眼中，却是新奇得让人质疑。所以，欧洲人在读《马可·波罗游记》时不仅无法理解书中所记载的东方奇闻，还无法理解东方人对当时欧洲人眼中"珍贵的物品"的淡漠。

马可·波罗到底有没有来到中国？

对于这个问题，争论了近700年，支持他没有到过中国的多为欧洲人，他们认为书中所记载的内容，只是马可·波罗把他人的说法加上自己的臆想描述了出来；而认为马可·波罗到过中国的多为东方人。随着中外文化交流的发展，《马可·波罗游记》中有些内容让中外学者都无法解释破绽，由此对马可·波罗到底有没有来过中国，纷纷提出质疑。

比如：马可·波罗是个文盲，连《马可·波罗游记》都是由狱友记录而成的，文盲做商人能说得通，但是，这样的人是否能在元朝的朝廷担任重要的官员呢？据资料显示，当时外宾可以担任一些朝廷职务，但仅限一些无关痛痒的职务，至于重要的职务就真的值得商榷了，尤其是马可·波罗还是个目不识丁的文盲。

即使真如马可·波罗所说，他担任了元朝的重要大官，为何他在中国的那么多年，不见威尼斯方面有人借助他与元朝联系呢？精明的威尼斯人肯定非常了解东方货物的价值，如果真有人与元朝政府建立了联系，那样采办货物如同开了绿灯，该是多么方便，可事实并非如此。

诸如此类的破绽，不胜枚举，但这并不妨碍《马可·波罗游记》成为欧洲大航海时代早期，志在千里的水手们了解东方、鼓舞士气的最佳读物。

※ [《马可·波罗游记》手稿]

哥伦布 >>>

不/承/认/自/己/发/现/美/洲/的/探/险/家

哥伦布全名为克里斯托弗·哥伦布，是一位世界著名的航海家，他是大航海时代的先驱。他从没承认他当时到达的是一个以前欧洲人所不知的大陆，坚信自己到达的是出发前的目标——东印度群岛。

哥伦布是一位世界著名的航海家，他发现新大陆的事迹为人们所熟知。但是他发现的到底是美洲还是印度呢？

❀ 哥伦布在生命的最后，在水痘的折磨、幻听的侵袭、疯狂的咳嗽和语无伦次的呢喃中，死于梅毒之症。

哥伦布其人

哥伦布出生于意大利西北部的热那亚地区，父亲是纺织工人。家庭无法给他的事业带来一些实质性的帮助。青年时期的哥伦布为了谋求出路，从事过许多职业，甚至包括海盗。他随船出海经历过海难也经历过海战，甚至还见过"长得不一样"的中国人。

人们常说，"婚姻是人的第二次重生"，这在哥伦布身上得到了很好的体现。他和一位家世显赫的葡萄牙姑娘结婚了，借此哥伦布融入了葡萄牙当时最顶尖的探险家族。

由于受《马可·波罗游记》的影响，年轻时的哥伦布就有出海探险的理想。婚后，由于妻子探险家族的刺激和理想的鼓动，他成天厮混于码头、酒吧，打

❀ [克里斯托弗·哥伦布]

探各种关于远方冒险的传说。

探险准备

在当时，探险家们都会依附于君主，希望借助他们的权力和资助进行探险活动。然而哥伦布并不满足这样的合作，除此之外，哥伦布要的还有更多的权力。

为了实现目标，哥伦布到处"演说"拉拢合伙人，声称自己要去"满地都是黄金"的东方。如果一旦成功归来，他们都将成为世界上最富有的人。

哥伦布相信地圆说，希望通过航行打通东西方航道，那么东方的瓷器、茶叶和香料就会源源不断地通过海路运到西方世界。这样巨大的运输量不能依靠传统的陆运完成，所以海运会替代陆运，以实现更大规模的货物吞吐量。

在四处游说的十几年时间里，他先后向葡萄牙、西班牙、英国、法国等王室请求资助，但都遭到拒绝。不过此后哥伦布遇到了他的贵人，他遇到了当时西班牙的伟大的君主斐迪南和女王伊莎贝拉一世。伊莎贝拉一世识得了哥伦布这匹千里马，甚至不惜拿出自己的私房钱，资助他完成对印度航道的开拓与探索。

发现的是美洲还是印度？

1492 年 8 月，哥伦布如愿从帕罗斯港起航了，伴随着好奇心与野心向着梦想的方向前进。

由于在计算和理论上出错，比如在计算通往中国的航线时，他竟然将地球

❧ [意图说服葡萄牙国王的哥伦布——17 世纪]

❧ [哥伦布的旗舰——"圣玛利亚"号]

❧ 哥伦布船队的旗舰"圣玛利亚"号是葡萄牙和西班牙人远洋用的克拉克船，一艘中等规模的纳乌（大帆船）。

几百年来，为纪念哥伦布发现新大陆，世界多个国家建造过仿制的"圣玛利亚"号。在深圳的洲际大酒店就建有一个陆上的仿真大小的酒吧船"圣玛利亚"号。日本大阪湾还有一条仿制的"圣玛利亚"号帆船型观光船，航行于大阪湾，成为大阪港最有人气的旅游项目。

❀ [克里斯托弗·哥伦布的回归]
此画描绘的是在斐迪南国王和伊莎贝拉女王面前诉说航海历程的哥伦布。

的周长少算了1/4，在探险中，大家战战兢兢，走走停停，1492年10月12日凌晨哥伦布终于发现了陆地，这块陆地属于中美洲加勒比海中的巴哈马群岛，他将它命名为圣萨尔瓦多，哥伦布以为他到达的是东印度群岛。

之后，他又登上了美洲的许多海岸。直到1506年逝世，哥伦布一直认为他到达的是印度。

白骨堆积的探险之路

在首次登陆圣萨尔瓦多时，哥伦布举办了一个盛大的仪式，他送给当地赤身裸体且单纯善良的土著一些不值钱的小玩意儿，便开始在岛上寻找黄金，十几天过去后一无所获，这让哥伦布恼羞成怒，随之便展开了残酷的杀戮，直至该岛上的土著种族灭绝。

这样的事情，在哥伦布之后的几次探险活动中时常发生。他们不仅掠夺当地的宝物，还贩卖奴隶。哥伦布在给朋友的一封信中写道："喀斯特里翁的人去买女奴隶和去农场买菜一样方便，特别是那些九到十岁的小女孩，需求量巨大。"

作为一个航海者，哥伦布固然伟大，但是毕竟从一开始，这个伟大的航海家进行航海的主要原因就是获得黄金，所以他同时也是一个万恶的掠夺者，他在殖民美洲时对当地土著的杀戮是让人无法想象的。

❀ [哥伦布的舰队]

阿尔弗雷德·魏格纳

病/床/上/诞/生/的/大/陆/漂/移/说

人在百无聊赖之中，做得最多的事恐怕就是"胡思乱想"了，可阿尔弗雷德·魏格纳不光有了想法，并且为此想法奋斗终生。

1 880 年 11 月 1 日魏格纳生于德国首都柏林，1910 年他提出"大陆漂移说"，1912 年得到证实。魏格纳因为提出了大陆漂移学说，被后世称为"大陆漂移学说之父"。

病床上的"胡思乱想"

1910 年，德国气象学家魏格纳躺在病床上，百无聊赖中，他的目光落在墙上的一幅世界地图上，他惊奇地发现，大西洋两岸的轮廓竟是如此相对应，特别是巴西东端的直角突出部分，与非洲西岸凹入大陆的几内亚湾非常吻合。自此往南，巴西海岸每一个突出部分，恰好对应非洲西岸同样形状的海湾；相反，巴西海岸每一个海湾，在非洲西岸就有一个突出部分与之对应。

这位青年气象学家的脑海里突然掠过这样一个念头：非洲大陆与南美洲大陆是不是曾经贴合在一起，也就是说，从前它们之间没有大西洋，是由于地球自转的离心力使原始大陆分裂、漂移，才形成如今的海陆分布情况的？

带着这种猜疑，魏格纳开始验证自

❄ [魏格纳（左）在格陵兰岛]

❄ 魏格纳读大学时所学的是天文学和气象学，25 岁时就获得了天文学博士学位，次年，他与弟弟一起，创造了乘热气球连续飞行 52 小时的世界纪录，并且成为第一位利用气球观测预报天气的科学家。

❀ [魏格纳纪念邮票——奥地利]

已的设想。他做了一个很浅显的比喻：如果两片撕碎了的报纸按其参差的毛边可以拼接起来，且其上的印刷文字也可以相互连接，我们就不得不承认，这两片破报纸是由完整的一张撕开得来的。

验证想法

通过实地考察，结果令人振奋：北美洲纽芬兰一带的褶皱山系与欧洲北部的斯堪的纳维亚半岛的褶皱山系遥相呼应，暗示了北美洲与欧洲以前曾经"亲密接触"；美国阿巴拉契亚山的褶皱带，其东北端没入大西洋，延至对岸，在英国西部和中欧一带复又出现；非洲西部的古老岩石分布区（老于 20 亿年）可以与巴西的古老岩石区相衔接，而且二者之间的岩石结构、构造也彼此吻合；与非洲南端的开普勒山脉的地层相对应的，是南美的阿根廷首都布宜诺斯艾利斯附近的山脉中的岩石。

被嘲笑的大陆漂移说

1915 年，魏格纳出版了《海陆的起源》一书，书中详细阐述了他的看法。

大陆漂移学说以轰动效应问世，却很快在嘲笑声中销声匿迹。有人开玩笑说，大陆漂移学说只是一个"大诗人的梦"而已。因为这一假说难以解释某些大问题，如大陆移动的原动力、深源地震、造山构造等。魏格纳想要再次证明自己的假说，他曾 4 次前往格陵兰岛考察。1930 年，魏格纳在第 4 次深入格陵兰岛考察气象时，遭遇暴风雪袭击，不幸长眠于冰天雪地之中，年仅 50 岁。在他逝世 30 年后，大陆漂移学说最终被证明了正确性，被人们所接受。

❀ [悬挂在魏格纳母校的纪念牌匾]

❀ 魏格纳的验证过程非常艰辛，不仅要从地理、环境上进行监测，还要从生物上进行验证。比如，他发现有一种庭园蜗牛，既发现于德国和英国等地，也分布于大西洋对岸的北美洲。蜗牛素以步履缓慢著称，居然有本事跨过大西洋的千重波澜，从一岸传播到另一岸？当时没有人类发明的飞机和舰艇，甚至连鸟类还没有在地球上出现，蜗牛是怎么过去的？
不仅如此，还有植物，比如舌羊齿化石，这是一种古代的蕨类植物，广布于澳大利亚、印度、南美、非洲等地的晚古生代地层中，即现代版图中比较靠南方的大陆上。植物没有腿，也不会游泳，如何漂洋过海的？

恩里克

从/未/扬/帆/远/航/的/航/海/家

在恩里克王子 60 多年的生命中，除葡萄牙本土以外，他只去过北非的几个据点。这样看来，如果仅仅从他的航海经历来说，他远远称不上是航海家。可是人们为什么又说他是一位名副其实的航海家呢？

❀ [恩里克王子组织出海——版画]

恩里克全名是唐·阿方索·恩里克，生于 1394 年 3 月 4 日，是位葡萄牙亲王。从小学习战略和战术、外交艺术、国家管理、古代和现代的知识，而且博览群书。作为王子，恩里克是一个虔诚的基督徒，同时他又向往历险、战斗的生活。

一般来说，航海家都是航行到某处，历经了千难万险发现了什么东西，比如哥伦布、麦哲伦。然而几乎没有航海经历的恩里克却让更多的人成了航海家。

实现自己的"大思想"

葡萄牙独立 800 多年来，其疆界基本上没多大变化。看一下世界地图就清楚了，葡萄牙的北面和东面是西班牙，西面和南面是大西洋。

当时，西班牙为了光复国土正与摩尔人打仗，陆地没有出口。要想走出去实现自己的"大思想"，征服西面和南面的大西洋是恩里克唯一的选择。

1417 年，恩里克以自己王子的身份筹集到大量资金，在阿加维省的一个名叫萨格里什的荒凉渔村创办了世界第一所专业航海学校，系统研究航海技术、规划葡萄牙的航海蓝图。

资助并指导了 6 次远航

在创办航海学校期间恩里克共资助并指导了 6 次远航。

第一次是 1418 年，为葡萄牙发现了马德拉群岛。

第二次是 1432 年，为葡萄牙发现了亚速尔群岛。

中世纪，欧洲人已经知道这两个群岛的存在，这两次航行正式把它们划归葡萄牙名下。

第三次发生在 1434 年。穿越博哈多尔角宣告了葡萄牙对非洲大陆探险开拓的全面开始。

第四次是 1443 年，发现了拉斯努瓦迪布半岛（西撒哈拉和毛里塔尼亚共管）的布兰卡角（CAPE BLANC）。

第五次是 1445 年，发现了塞内加尔。

第六次是 1460 年，发现了佛得角群岛。

尊称为"航海者恩里克"

1460 年，恩里克去世了。在萨格里什，他为葡萄牙的航海探索和领土扩张忙碌了 45 年。他没结过婚，也没孩子，他毕生都在忙碌航海事业，却从未亲自出海远航（到休达的近海航行除外）过。但他去世的那一年，葡萄牙船队沿非洲西海岸向南探险的距离已经达到了 4000 千米。

❁ 《大国崛起》的一段解说词是这样描述恩里克王子的："我们无从知道，看起来面容古板的恩里克王子是因为具有雄才大略而包容，还是因为包容而具有了雄才大略。意大利人、阿拉伯人、犹太人、摩尔人，不同种族甚至不同信仰的专家、学者，聚集在他的麾下。他们改进了中国的指南针，把只配备一幅四角风帆的传统欧洲海船，改造成配备两幅或三幅大三角帆的多桅快速帆船，正是这些 20 多米长、60 ～ 80 吨重的三角帆船最终成就了葡萄牙探险者的雄心；他们还成立了一个由数学家组成的委员会，把数学、天文学的理论应用在航海上，使航海成为一门真正意义上的科学。"

历史学家一般认为，葡萄牙的航海事业离不开恩里克，欧洲航海的所有伟大发现都是从恩里克开始的。所以，恩里克被普遍尊称为"航海者恩里克"。在葡萄牙，恩里克被视为民族英雄。在全国各地，葡萄牙人以各种方式纪念他，有的用他的名字命名街道，有的将他的头像印在邮票和明信片上，有的则铸造各种各样的雕塑。即使在今天的澳门，仍然保留着用他的名字命名的"殷皇子大马路"。

❋ [殷皇子大马路]

殷皇子大马路（葡萄牙文：Avenida do Infante D. Henrique），殷皇子即唐·恩里克（D. Henrique）。这条路在澳门半岛南部，西北端由南湾大马路起，东南端至南湾广场，长 350 米，实际上是新马路的延长，为纪念恩里克王子而命名。

沸洛伦丝·查德威克

只/差/一/英/里

对于追逐了许久的梦想，最懊恼的恐怕就是只差一步就能成功，而自己却放弃了！沸洛伦丝·查德威克就曾有过这样的经历。

1 950 年，沸洛伦丝·查德威克因成为历史上第一个成功横渡英吉利海峡的女性而闻名于世。两年后，她决定从卡德林那岛出发游向加利福尼亚海滩，想再创一项前无古人的纪录。

那天海面上浓雾弥漫，视觉受到干扰。海水冰冷、刺骨，在海水里游了 16 小时的她嘴唇冻得发紫，全身筋疲力尽而且一阵阵战栗。她抬头眺望远方，只见前方雾霭茫茫，仿佛陆地还离她十分遥远。当船上的人鼓励她，"咬咬牙，再坚持一下，只剩一英里远了。"她说："别骗我，如果只剩下一英里，我就应该能看到海岸，快把我拖上去！"于是，沸洛伦丝·查德威克最终选择了放弃。

船上的人把冻得瑟瑟发抖的查德威克拖上了小艇。披着毛毯的查德威克，瘫坐在小艇上，随着船缓缓前进，褐色的加利福尼亚海岸线从浓雾中显现了出来，她隐隐约约地看到海滩上等待欢呼她的人群。到此时她才知道，船上的人并没有骗她，她距离成功确实只有一英里！她仰天长叹，最终，沸洛伦丝·查德威克因为没有坚持游完最后一英里而

❧ [未能坚持的沸洛伦丝·查德威克]

❧ 英吉利海峡，又名拉芒什海峡，是分隔英国与欧洲大陆的法国并连接大西洋与北海的海峡。海峡长 560 千米，宽 240 千米，最狭窄处又称多佛尔海峡，仅宽 34 千米。英国的多佛尔与法国的加莱隔海峡相望。

悔恨不已。后来沸洛伦丝·查德威克并没有放弃。她又一次做了准备，第二次她成功地到达了对岸。

伊丽莎白一世

海/盗/女/王

伊丽莎白一世是英国历史上最著名的君主之一。为了对抗西班牙，伊丽莎白一世大肆笼络海盗，并且给他们颁发私掠许可证，她的这一举措不仅实现了个人辉煌，也使英格兰从蕞尔小国逐步发展为海上强国。

🌸 [伊丽莎白一世加冕的油画]

伊丽莎白一世是都铎王朝的最后一位君主，身穿加冕长袍的衣饰上绣有都铎王朝的图腾——玫瑰；衣服的门襟处有装饰的貂毛。

伊丽莎白一世全名叫伊丽莎白·都铎（1533年9月7日—1603年3月24日）。在继位之初便成功地保持了英格兰的统一，经过半个世纪的统治，使英格兰成为欧洲最强大的国家之一。

终生未嫁的童贞女王

玛丽和伊丽莎白是同父异母的姐妹，玛丽母亲去世后，父亲亨利八世娶了新的王后安妮·博林，伊丽莎白出生后，玛丽便由公主降为伊丽莎白公主的侍女。伊丽莎白是亨利八世和安妮·博林唯一幸存的孩子。由于她父母是以新教教规结婚的，天主教认为她是一个私生女。伊丽莎白三岁时，她的母亲安妮·博林被判叛逆罪处死。伊丽莎白被宣布为私生女，从"伊丽莎白公主"变成了"伊丽莎白·都铎小姐"。1537年，亨利八世和他的第三个王后简·西摩生了一个男孩：爱德华（后来的爱德华六世）。伊丽莎白和玛丽都成了爱德华的佣人，但是姐姐玛丽没有善待童年至少女时期的伊丽莎白。因为玛丽是一个虔诚的天主教徒。

✤ [伊丽莎白一世与德雷克]
伊丽莎白一世授予德雷克骑士勋章。

✤ 伊丽莎白女王的战士
第三代坎伯兰伯爵乔治·克利福德凭借一身出色的马上比武技艺闻名宫廷。于1590年被封为"女王的战士"（即在马上比武中作为女王的代表替她征战），并在两年后被封为嘉德骑士。

玛丽后来嫁给了西班牙国王，在爱德华六世死后，玛丽废除了继位的简·格雷，成为英格兰的女王，史称玛丽一世，她强迫伊丽莎白改信天主教，其后由于托马斯·怀逸以拥立伊丽莎白之名，发动叛变，伊丽莎白被监禁在伦敦塔两个月，后来虽然获得释放，但仍然被软禁在一处庄园中，这是伊丽莎白最艰苦难熬的一段时光。直到1558年11月17日，玛丽一世逝世，伊丽莎白顺利地继位成为新一任英格兰国王。她是集美貌与权力于一体的女王，欧洲所有的男士们都将眼光聚焦在了她的身上，甚至连她的姐夫，西班牙国王菲利普二世也向她提出了求婚的意向。

伊丽莎白拒绝了他们的求婚，甚至说："在宣布继承国王位的那一刻，我就将自己嫁给了英格兰！"

征用海盗兵

看过英国地图的人应该知道，大不列颠的国土面积狭长，四面环海。由于当时西班牙海军的侵占，英格兰被困在内陆，伊丽莎白一世继位之初，由于玛丽一世与西班牙的联姻关系，情况还不算太坏，但随着时间的推移，抵抗西班牙，走出去成为英格兰最迫切的需要。但是

❀ [伊丽莎白女王写给明朝万历皇帝的信]

我国明朝的万历年间，伊丽莎白女王派出约翰·纽伯莱（John Newberry）乘坐商船前往中国探路，并携带了给万历皇帝的信。但由于旅途漫长，约翰·纽伯莱被英格兰的对手葡萄牙人逮捕，扭送至果阿，这封信后来也被辗转送到英国国家博物馆收藏。

❀ 信中伊丽莎白女王请求与中国展开贸易，并且给予英国商人在中国安全通行的权利。并且在该信的末尾，注上了"耶稣诞生后1583 年，我王在位第 25 年，授予格林尼治宫"。

❀ 这封信之后的几十年，荷兰人来到中国，要求中国停止与西班牙及葡萄牙开展贸易，请求将此项权利赋予荷兰人，明朝不答应，两方便在料罗湾开战，荷兰人战败，不得不向明朝赔款道歉。

这并不是一个简单的问题。因为需要大量的资金建立一只敢打硬仗的海军。

英格兰虽然有海军，但由于军舰年久失修，加上前国王玛丽一世与西班牙联姻后，对英格兰的海军没有一丝建设。相反还集结了大量资金，投入巨资帮西班牙进行海军建设。

伊丽莎白一世接手政权之后，面临前任欠下的 25 万英镑债务。为了摆脱困境，伊丽莎白一世颁发了大量私掠许可证，支持海盗冒险，其中的一个重要动机就是增加王室收入。1564 年，伊丽莎白以自己的海船"吕贝克的耶稣"号入股投资霍金斯的船队，而德雷克的那次环球远航带给王室 26 万英镑收入。伊丽莎白一世在位后期，英国最多有 200 艘志愿船只加入私掠队伍。

海上看门犬

1578 年，伊丽莎白一世任命海盗霍金斯担任海军财务总管。不仅彻查海军内部腐败问题，同时还设计建造出"复仇"号战舰。这是种排水量 500 吨的战舰，属于中型船只，远比排水量更大的西班牙大帆船低矮，但在速度和敏捷性方面胜出，而且造价低廉，装备射程远、射速快的船舷炮。"复仇"号正是日后与西班牙无敌舰队作战的英军指挥舰之一。在伊丽莎白一世执政时期，英格兰打败了如日中天的西班牙无敌舰队，为英格兰日后成为世界上第二个日不落帝国奠定了坚实基础。

众所周知，海军是非常烧钱的军队，伊丽莎白一世为了担负海军费用，决定与商人合资，由贸易养活海军，由海盗打击敌人，所以当时的海盗领袖都是女王的"海上看门犬"，伊丽莎白一世也被叫作"海盗女王"。

托马斯·科克伦

此/处/不/留/爷，/自/有/留/爷/处

科克伦被叔叔带进英国皇家海军，但由于年轻气盛，未能在英国做出多大的功绩，却名扬南美几国。

克伦全名托马斯·科克伦，1775年出生于英国拉纳克郡的阿内斯福尔德。1793年，时年18岁的科克伦开始在英国皇家海军服役。因为作战骁勇，被提升为将军，1806年和1807年两度被选为议员。

在1809年的一次战役中，科克伦计划火烧敌战船，却因另一支舰队未能及时带兵增援，结果功亏一篑。科克伦大怒，臭骂了长官，被送上军事法庭。虽说被宣布无罪，但时隔不久，他又耍起了个性，为一点琐事，大骂海军管理司，结果就在他39岁那年，因为得罪同僚、对长官不敬，而被踢出了英国皇家海军。

任职智利海军司令

此后，科克伦漂泊在海洋上，干起了海盗的营生。

1817年，智利海军成立，科克伦及其手下海盗均被招募，科克伦任智利海军司令，统率其舰队进行反对西班牙的独立战争。

由于智利舰少、船小，科克伦带领智利海军干起了海盗的营生。科克伦指

❧ [托马斯·科克伦]

❧ 科克伦有个搞化学实验的父亲，而他自己也有和父亲一样的爱好，他也有不一般的想法，他是第一个考虑把化学物质用在战争中的人，虽然化学战的想法非常超前，但英国皇家海军觉得科克伦的"化学战"不靠谱，于是就给封存了。

挥智利海军封锁海面，炮击并登陆沿岸城镇进行袭扰。

科克伦率智利海军连续挫败西班牙军队，还偷袭了西班牙在南美沿海的重要海军基地，俘虏了西班牙的最强战舰

"埃斯米拉达"号。

科克伦对西班牙海军进行了严厉的打击，在他的配合下，圣马丁将军解放了智利和秘鲁，将西班牙人统统赶了出去，智利的革命成功了，科克伦成了一个传奇性的大英雄！但是他那火暴脾气又发作了，他又和别人吵架了，干脆甩手不干了。

任职巴西海军司令

离开智利的科克伦得知巴西正在如火如荼地进行独立战争，与葡萄牙殖民者激战。科克伦很兴奋地来到巴西，因为科克伦在智利的耀眼战绩，因而受到巴西人民的热烈欢迎，并让他担任巴西海军司令。

科克伦依旧不负众望，带领巴西海军和葡萄牙海军作战，他指挥的战舰像幽灵似的，在海上忽东忽西、忽隐忽现，搞得葡萄牙舰队晕头转向，疲惫不堪，缺乏补给的葡萄牙舰队欲哭无泪，只好返回老家。

科克伦对葡萄牙舰队的打击，对巴西独立起到了非常重要的作用。

任职希腊海军司令

巴西独立了，科克伦又没事干了，他到处打听哪里有战争。1825年，他听说希腊人民正在反抗土耳其的统治，他很兴奋地来到希腊，非要帮人家指挥海军。

希腊人民对科克伦也甚是仰慕，便

❀ [托马斯·科克伦漫画——1815 年]
左侧表现的是科克伦身着海军军官的服饰，是被人崇拜的样子；而右侧则是身着平民的服饰，表现他作为囚犯时灰头土脸的样子。

❀ 科克伦因为散布关于拿破仑退位的谣言以在证券交易中大捞一笔的阴谋而受审，被判处徒刑，因而被逐出议会，并被褫夺 1809 年因战功而获得的巴兹勋位。此时的科克伦陷入人生低谷，幸得智利邀请，才有了用武之地。

把刚诞生没多久的海军交给他指挥，这次他在希腊没混出名堂来，他很是沮丧，于 1828 年回到了英国。回国后他被恢复了官职，还被提升为英国皇家海军少将。

科克伦在英国皇家海军内的影响不大，但在智利、秘鲁和巴西等南美国家看来，他是一位有革命热情的海战英雄，他称不上是伟大的海军元帅，但绝对是历史上最传奇、最具特色的海军统帅。

Chapter 3

妙趣横生的海洋生物

垩鲭 >>>>

一 / 天 / 变 / 性 / 20 / 次 / 的 / 鱼

会变性的动物有很多, 如小丑鱼等, 可垩鲭简直能够称得上是生物界的变性之王, 因为它一天变性的次数高达 20 多次, 真是应了那句话："忽男忽女。"

❀ [垩鲭]

垩鲭分布在西大西洋海域, 多数生活在有沙石的海底, 它的外形非常漂亮, 更让人惊讶的是: 垩鲭一天可以变换 20 多次性别, 其性别就像表情一样说变就变, 它是怎么做到的呢?

卵子交易

自然界中约有 2% 的鱼类可以交换性别, 互换性别是一种繁殖策略, 叫作"卵子交易"。垩鲭在繁殖期间, 会将产卵分成多次, 并且在产卵期间不停地与伴侣互换性别, 以保证产卵的顺利进行。

垩鲭在生长期间, 身体里的卵子和精子可以同时生长, 产卵时, 一方不会连续产卵两次, 而是双方交换性别, 交替产卵。这在鱼类中十分罕见, 尤其是像垩鲭这么频繁地交换性别, 更是少见。

忠贞的一夫一妻制

自然界中, 尤其是海洋生物, 一夫一妻制生物非常少, 而一生都保持一夫一妻的更是少见。而垩鲭就是少有的坚持一夫一妻制的忠贞鱼类。

垩鲭一般会成双成对出现, 虽然在繁殖期间会有其他雄鱼前来诱惑伴侣, 但它们每天都会回到伴侣身边。所以有种言论称: 垩鲭之所以会不断地变化性别, 就是为了减少伴侣出轨的机会, 虽然真相并非如此, 但却是一个有趣的见解。

垩鲭体长可达 8 厘米, 鱼体表面粗糙, 呈橘色并稍带些紫色, 腹部有蓝色电光, 非常漂亮, 因此也被作为饲养鱼类。

海豚

动/物/界/的/痴/情/种

众所周知，海豚非常聪明，是一种高度社会化的生物，此处我们不谈其智慧的一面，而谈谈它非常阴暗的一面。

❀ [成群的海豚]

海豚生活在一个相对开放的社会，它们有复杂的社会生活，会以极端的手段进行性行为来建立权威，竖立威信。

❀ 在汉语中，"豚""豕"皆为"猪"的意思，"海豚"意即"海猪"。在 1596 年正式刊行的《本草纲目》中就曾记载过海豚——该书描述海豚的大小如一头数百斤重的家猪，形状和颜色很像鲶鱼，故得名海豚。

实验室出了一个痴情汉

在 1960 年，有一位名为玛格丽特·拉瓦特的美国女性研究员参与了 NASA 一个研究项目，她将和一只 6 岁大的雄海豚生活 10 周，其研究的目的就是尝试让海豚发声、说话。在这期间，玛格丽特不断教海豚英语，他们会在每天早上 8 点开始说英语，一直持续到下午 5 点钟。

海豚学得非常快，在玛格丽特说"work, work, work（工作）"的时候，海豚会马上回答"play, play, play（玩耍）"。看到这样的进步，研究人员及组织方都

❀ [海豚表演]
世界各地的海洋公园中都有非常可爱的海豚表演，海豚以它超群的智商，理解工作人员的指令，做出令观众喜爱的动作。

❀ [阿里翁骑乘海豚造型的古银币]
钱币表现的是希腊神话中著名的吟游诗人阿里翁与海豚的故事。

非常高兴，期待海豚有更大的进步，可事情却向另一个方向发展了。

当实验进行到第 4 周时，海豚开始不好好上课了，变得越来越喜欢与玛格丽特亲近，除了不断地用各种方法吸引玛格丽特的注意，还会轻咬玛格丽特的身体，甚至做出类似求爱的动作。

这一变化令组织实验的人相当震惊，在玛格丽特与海豚关系进一步发展之前，实验被中止了，而海豚则被送到了另一个机构的海豚池中。

几个星期后，传来了这只海豚自杀的消息。据说，这只海豚伤心欲绝，自己潜入海豚池，拒绝浮上水面换气，活活地把自己闷死了。

恶习

动物繁衍需要一定的交配行为，但是并不是每种动物都能够享受这个过程，恰恰相反，海豚是少数除了人类之外，会享受这个过程的动物之一。

虽然享受过程是件快乐的事情，但是海豚却无法遏制它们疯狂的欲望，兴致正浓时，它们甚至会侵犯其他动物，例如海龟、小鲸，甚至人类。不仅如此，它们对其他动物施暴的过程，也是相当暴力，有些年幼的动物甚至会因为无法忍受这个过程而死亡。

悲惨的雌海豚

海豚中有一种瓶鼻海豚是目前发现的最重口味的海豚。它们几乎在任何情

况下都可以发生交配行为，甚至不管对象，无论是男是女，是老是少，它们都不管不顾地乱来。

在瓶鼻海豚的社会中，雌海豚的生活更是悲惨。雄海豚三三两两地组成小团体，在遇到落单的雌海豚时，就趁机围追堵截，强行交配，甚至将其囚禁，时间能长达几个月。如果雌海豚尝试逃跑，它们会暴力恐吓，用胸鳍、尾鳍和头部击打它，甚至用牙齿咬。而且雄海豚会保护自己团体的雌海豚不被其他团体抢走，有时也会对其他种类的海豚施暴，产下杂交后代。

人们从未想到，海豚在其可爱的外表之下有如此阴暗的一面，如此看来，为"爱"痴狂，不再是人类的专利，起码要把海豚算进去。

❀ [海豚壁画——公元前 1600 年来自克里特岛诺索斯宫]

古希腊人非常喜爱海豚，他们认为在航船四周看到海豚跃出水面时翻起的白色波浪，象征着好运将至；在希腊神话中，海豚也频繁出现，甚至连壁画中都有。

❀ 鲨鱼是海中霸王，可是它们却会"怕"海豚，想必你没有听说过吧！

事实上鲨鱼怕海豚是由于两点原因：

首先，海豚智商非常高，它们是高度社会化的动物，尤其会成群结队地活动。当遇到敌人开始战斗时，在战斗中会利用地形、工具、阵型等一切可以利用的优势来击败对手。

其次，海洋中有一种虎鲸，属于海豚科，它继承了海豚科的高智商和高度社会化，而且有体型的优势，一只鲨鱼对抗一只虎鲸都难以取胜，更何况是一群虎鲸，其胜负不言而喻。

电鳐

海/底/电/击/手

电鳐是鳐鱼的一种，其头与胸鳍之间的腹面两侧各有一个蜂窝状的发电器，能把生物能转化为电能，并放出电来。它的电量可以轻松地电倒一个成人，不愧有海底"活电站"之名。

❀ [电鳐]

电鳐是软骨鱼纲电鳐目鱼类的统称。最大的个体可以达到2米，很少在0.3米以下。

电鳐属卵胎生，半埋在泥沙中等待猎物，一般体型较小，一眼看上去很像小提琴。多见于热、温带水域。种类多，多栖于浅水，但深海电鳐可生活在1 000米以下的深水中。其活动缓慢，底栖，以鱼类及无脊椎动物为食。

电鳐身体柔软，皮肤光滑，头与胸鳍形成圆或近于圆形的体盘。电鳐有5个腮裂，身体平扁呈卵圆形，吻部突出，臀鳍消失，尾鳍很小，胸鳍宽大，胸鳍前缘和体侧相连接。在胸鳍和头之间的身体两侧各有一个大的发电器官，能发电，以电击敌人或猎物，大型电鳐发出的电流足以击倒成年人。

自行发电的神奇物种

1989年，在法国科学城举办了一次饶有趣味的"时钟"回顾展览，这座时钟是由电鳐放出的电来驱动的，这引起了人们极大的兴趣。这种电鳐放电十分有规律，电流的方向一分钟变换一次，因而被人称为"天然报时钟"。

电鳐是活的"发电机"

电鳐又被称为活的发电机、活电池、电鱼，因其能自动发电而闻名世界。电鳐的放电特性启发人们发明和创造了蓄电池。人们日常生活中所用的干电池，在正负极间的糊状填充物，就是受电鳐发电器里的胶状物启发而改进的。

电鳐尾部两侧的肌肉，由有规则排列着的6000 ～ 10 000枚肌肉薄片组成，薄片之间有结缔组织相隔，并有许多神

[电鳐]

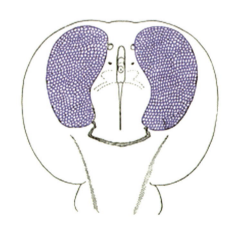

[电鳐两个发电装置]

❧ 鳐和鲨有很近的亲缘关系，唯一的区别在于它们体型、鳃和吻的位置不同。鳐因为具有强壮而扁平的身体，有时也被称作扁鲨。鳐的胸鳍异常地宽大，一直延伸到头部。如果检验一下它们的骨骼，除了巨大的扇形鳍结构，它们和鲨鱼像极了。

经直通中枢神经系统。每枚肌肉薄片像一个小电池，只能产生150毫伏的电压，但近万个"小电池"串联起来，就可以产生很高的电压。电鳐尾部发出的电流，流向头部的感受器，因此在它身体周围形成一个弱电场。

电鳐的中枢神经系统

电鳐的中枢神经系统中有专门的细胞来监视电感受器的活动，并能根据监视分析的结果指挥电鳐的行为，决定采取捕食行为、避让行为或其他行为。有人做过这么一个实验：在水池中放置两根垂直的导线，放入电鳐，并将水池放在黑暗的环境里，结果发现电鳐总在导线中间穿梭，一点儿也不会碰导线；当导线通电后，电鳐一下子就往后跑了。

❈ [电鳐]

这说明电鳐是靠"电感"来判断周围环境的。

电鳐不能持续放电

电鳐放完体内蓄存的电能后，要经过一段时间的积聚，才能继续放电。因此，巴西人在捕获电鳐时，总是先把家畜赶到河里，引诱电鳐放电，或者用拖网拖，让电鳐在网上放电，之后再轻而易举地捕杀失去反击能力的电鳐。

世界上已知的发电鱼类达数十种，除了电鳐外，其他会放电的鱼类还有电鲶、电鳗等。

难得一见的海洋名医

早在古希腊和罗马时代，医生们常常把病人放到电鳐身上，或者让病人去

❈ [电鳐]

碰一下正在池中放电的电鳐，利用电鳐放电来治疗风湿症和癫狂症等病。就是到了今天，在法国和意大利沿海，还可能看到一些患有风湿病的老年人，他们会在退潮后的海滩上寻找电鳐，当作自己的"医生"呢。

大王酸浆鱿

用/大/脑/消/化/食/物

大王酸浆鱿英文直译为巨枪乌贼，是同种动物里最大的一种，也是世界上最大的无脊椎动物，分布于围绕南极大陆的海域，大多在南极海域 300 ~ 4000 米的深海栖息。

🌿 [大王酸浆鱿标本]

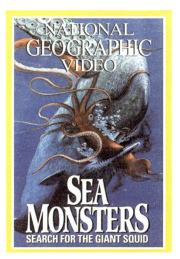

🌿 [《sea monsters》——大王酸浆鱿剧照]

大王酸浆鱿体长 5 ~ 10 米，体重 50 ~ 300 千克。目前发现的最大一只大王酸浆鱿死时体长 20 米，体重约 350 千克。大王酸浆鱿不仅是世界上最大的鱿鱼，还是世界上最大的无脊椎动物。

用大脑消化食物

大王酸浆鱿的大脑结构就像甜甜圈一样：外面一圈大脑组织，正中间一个洞。当大王酸浆鱿吞咽猎物时，食道把食物送到大脑，大脑从中直接吸收营养物质，然后食物才进入胃里。像这样巨大的乌贼住在深海冰冷的水中，在寒冷和极其缓慢的新陈代谢之间，它们实际上不需要太多食物就能活下去。事实上，这种重达半吨的动物每天只需要 30 克食物，大约就是一节 5 号电池的重量。

眼睛发光

鱿鱼都有大大的眼睛，而大王酸浆鱿的眼睛不

✤ [传说中的海怪克拉肯]

传说这种巨型猛兽以鲸为食，用巨大的触手攻击过往船只，或者围着大型船只转圈，以待出现足够的漩涡将其拖入海底，不放过船上的任何人。

和其他所有传说一样，克拉肯的故事随着时间推移渐渐被夸大了。人们认为，这一次目击事件最早发生在 1180 年，当时的水手们都不认识像巨枪乌贼这样的海洋生物。海底深处藏着吃人怪物的故事就此传开。

其中最著名的当属 1752 年卑尔根主教庞托毕丹在《挪威博物学》中描述的"挪威海怪"，据说，它的背部，或者该说它身体的上部，周围看来大约有一里半，好像小岛似的。如果这些古老传说真实的话，那么现实中的克拉肯，最有可能是某种已灭绝或者还未被发现的巨枪乌贼。

仅大，还能发光。在大王酸浆鱿巨大的眼睛上长有发光器，能产生光芒，不仅可以帮助它们看清漆黑深海里的情况，当遇到敌人时，它们还能通过光芒观察敌人身边的水流情况，判断它的位置，躲避敌人追捕。

寿命很短

大王酸浆鱿生活在南极大陆周围海域，栖息于 300 ~ 4000 米的海底，这里一片漆黑，海底生物丰富，大王酸浆鱿凭借着它们的"火眼金睛"捕食深海鱼类。大王酸浆鱿的生长速度很快，每天以肉眼可见的速度迅速生长，但是，它们也很快就迎来死亡，大王酸浆鱿的平均寿命不到一年半，真是个"短命鬼"。

大王酸浆鱿与大王乌贼的差别

大王乌贼通常栖息在深海地区，体型也巨大，它是仅次于大王酸浆鱿的第二大无脊椎动物。那么大王乌贼和大王酸浆鱿有何区别呢？

大王酸浆鱿与大王乌贼的主要差异在触手的勾爪上。大王乌贼的触手没有勾爪，而是周边附有硬质锯齿的吸盘。大王酸浆鱿的胴体具有巨大的游泳鳍，但在胴体与触手的长度比例上则不如大王乌贼。同样长度的大王酸浆鱿与大王乌贼相比，大王乌贼的触手长度会超过大王酸浆鱿。两者的共同点在体色都是红褐色。

鲶鱼

全/身/是/嘴/的/美/食/家

鲶鱼是人们经常食用的一种鱼类，可是你知道吗？人类的味蕾全部集中在口腔，而鲶鱼的味蕾却长满全身，在水中很远的地方就能"品尝"到猎物的香味，所以堪称全身是嘴的美食家。

❀[鲶鱼]

鱼又叫胡子鲶，由于对生长水质要求不高，所以分布广泛，生长快速。

全身是嘴的美食家

人类可以说是品尝万物的美食家，可是却无法与鲶鱼相比。人类的味蕾一般有 2000 ～ 8000 个，全部集中在舌头上。然而，鲶鱼有近 100 000 个单独的味蕾，

❀ 鲶鱼对于环境的适应能力超强，其寿命可达 70 余年。

挪威人喜欢吃沙丁鱼，尤其是活鱼，市场上活沙丁鱼的价格比死鱼高几倍，所以渔夫总是千方百计地想办法让沙丁鱼活着回到渔港。可是大家都失败了，只有一条渔船总能让大部分沙丁鱼活着回到渔港。船长严格保守秘密，直到他去世后，谜底才揭开。原来他在装满沙丁鱼的鱼槽中放进了一条以鱼为食物的鲶鱼。鲶鱼进入鱼槽后，由于环境陌生，便四处游动。沙丁鱼见了鲶鱼后十分紧张，四处躲避，加速游动，这样沙丁鱼缺氧的问题就解决了，沙丁鱼也不会死了，这就是著名的"鲶鱼"效应。即通过个体的"中途介入"，对群体起竞争作用，它符合人才管理的运行机制。

并且遍布全身。某种程度而言，一条鲶鱼就是一条游动的舌头，而且鲶鱼体型越大，味蕾越多。比较大的鲶鱼全身能有 175 000 多个味蕾。

远距离就能品尝猎物

水中的生物捕猎时都需要一定的技巧，鲶鱼的捕鱼技巧非常厉害，因为它们能用味蕾"尝到"几米之外的猎物，就像狼捕捉到一股气味。它们能凭借身体各个部位嗅到气味的强度不同，确定猎物的位置。大部分味蕾聚集在鲶鱼身体前部，所以只要找对了方向，它们就能直接抓住猎物。

通过比较鲶鱼的视力与味蕾发现，鲶鱼虽然会使用眼睛，但味蕾更重要。移除鲶鱼的眼睛之后，鲶鱼仍能找到食物。但是移除了味蕾后，它们就真的瞎了。

会钓老鼠的鲶鱼

鲶鱼除了有超强的味蕾，它们捕食的手段也值得一提。在我国东南沿海有一种鲶鱼，专门诱捕岸上的老鼠。这种鲶鱼白天休息，夜间四处觅食。它会游到岸边，将尾巴露出水面，一动不动地，发出阵阵腥味引诱夜间外出觅食的老鼠。狡猾的老鼠见到浮在水面上的鱼尾巴，并不立即咬食，而是先用前爪去拨动几下，此时鲶鱼仍然一动不动，让老鼠误认为是死鱼。老鼠见鲶鱼不动，真的以为是死鱼，便放心大胆地张口咬住鲶鱼

❧ [邮票上的鲶鱼]

❧ [鲶鱼炖豆腐]

鲶鱼炖豆腐是正宗的东北菜，也是鲶鱼最家常的一种做法，深受人们的喜爱。

尾巴，使劲往岸上拖。

这个时候，鲶鱼见老鼠上了圈套，便使出全身力气，尾巴一摆，将老鼠拖入水中，老鼠虽识水性，但无奈在水中力气与水性远不如鲶鱼。鲶鱼充分发挥它在水中的优势，用锯齿样的牙齿咬住老鼠往水下拖，老鼠在水下不能换气，挣扎一阵后便被活活淹死，成为鲶鱼的美食。

🌿 [膨胀鲨鱼]

膨胀鲨鱼 >>>

真 / 正 / 的 / 海 / 洋 / 气 / 功 / 大 / 师

鲨鱼在人们的印象中是非常凶悍的存在，可是膨胀鲨鱼完全颠覆了人们的认知，因为它不光不凶，而且非常呆萌，遇到危险时会把自己像气球一样胀大，只是为了让敌人无法吃掉它……

胀鲨鱼的学名为膨鲨，是一种小型鲨鱼，体长仅 1 米，多数时候喜欢在海底觅食，喜食螃蟹和乌贼等生物。

样，在遇到威胁时，它们会将海水吸入腹部四周的囊中，将身体膨胀为正常大小的两倍。这样就可以有效地防止被吞掉。

时而腹胀如球

膨鲨的体型在鲨鱼界中只能算是微小，所以需要像其他微小生物一样，有自己保命的技能。膨鲨就像它的名字一

🌿 Facebook 上曾公布了一条奇怪的鱼，它全身粉白相间，有 3 个换气鳃裂，与一般的膨鲨很不相同，它让专家颇为为难，但是可以确定这条粉红色的鲨鱼是膨鲨的一种。

时而瘪如弯月

如果遇到像蓝鲸这样体型巨大的生物，膨鲨会将身体弯成新月形，用嘴衔住尾巴，把自己膨胀成一个巨大的环。通常膨鲨喜欢潜伏在石头缝隙中，因为膨胀，它们时常会卡在其中，所以即使被大鱼咬住了，它们也只会损失一块肉，而不会被整个吞掉，可以说这是它们非常智慧的防御措施了。

海鳃

海/洋/鹅/毛/笔

>>>

海鳃是一种珊瑚虫纲的无脊椎动物，它还有一个更为形象的名字——"海笔"。这类动物共有300多种，有的像羽毛，有的像细棒，还有的像肾脏，与鹅毛笔真的很像。

★ ❀ ★

❀ [海鳃]

海鳃的外形如同人们使用的羽毛笔，故又得名"海笔"。海鳃是由许多称为水螅虫的小动物群居而形成的，下半部分固定在泥沙中，上半部分着生有许多水螅虫。

哪边是头？

"泥翅，约长四五寸，吸海涂间，翘然而起。"《海错图》的作者聂璜这样写道。他绘制的"泥翅"是这样的形象：

一根粗粗的肉柱，一端有个小孔，另一端长了很多片状物，先端开裂，呈羽毛状。那哪边是头？哪边是尾？聂璜继续写道："头上有一孔，似口，根下茸茸之翅，若毛，如鱼鳃开花。"看来毛茸茸的一端是"根部"，吸在海底，而光秃秃的另一端是"头部"，高高翘起。

事实并非如此

聂璜他画的这只"泥翅"，就是海鳃，他所说的与事实正好相反。光秃秃的那端才是"根部"，毛茸茸的那端则高高翘起。

物贊內載此閩中別有土名
沙蒜福建鮓為泥翅連江陳龍淮海
為筯同豬肉煮食味珠脆美溫州鮓為
剔去翅剖去其沙內有骨一條可以
泥沙而搓揉之則鼓其氣而起食者
腮腥初取之時軟而不堅若洗去其
下茸茸之翅若毛如魚腮開花亦作
起頭上有一孔似口全體紫黑色根
泥翅約長四五寸吸海塗間翹然而

外柔內剛
其中有骨
性東於陽
弱肉吸土
泥翅贊

❧ [《海错图》节选——海鳃记录]

《海错图》是清代画家兼生物爱好者聂璜绘制，书中共描述了 300 多种生物，还记载了不少海滨植物，是一本颇具现代博物学风格的奇书。

"海错"不是说海量的错误，这个"错"是种类繁多、错杂的意思，就是指海洋里面种类繁多的生物。至少是从西汉开始，中国人就用"海错"来指代海洋生物，所以说《海错图》本质上其实是一本古代的海洋生物图鉴。

美丽的身体

海鳃主要分布于热带和温带海域的沙质或土质的底层，身体呈轴对称分布，其中间的柄部支撑起整个躯体，柄部末端形底座可钻入底层；躯体由钙质的针骨所构成，宛如鸟类羽毛状一般。

海鳃的叶片状身体，是由成千上万的水螅体所组成，它们的触手相互交织在一起。它们以浮游生物为食，当海水从触手中流过时，其中的浮游生物就会被触手捕获，随后送进消化腔。不仅如此，如果到了排卵期，水螅体会产卵或精，并将它们排出体外，使之在水中受精，从而发育成新生命体。

容易受伤的动物

海鳃与其他种类的珊瑚不同。如果没有海浪的冲击和天敌的攻击，珊瑚可以长得很大。海鳃却不一样，它们长到一定大小后就不再生长了。海鳃有一个圆柱形的中央茎。茎的上端有很多轻软的羽状物，茎的下端深入海底的泥沙中，起着固定的作用。有一种能够发光的海

❧ 聂璜是一个清代的博物君，因为《海错图》里边画了各种各样的东西。康熙年间，他游历了河北、天津、浙江、福建多地，考察沿海的生物，在沿海住了很长时间，一直对沿海生物非常感兴趣。他苦于自古以来都没有海洋生物的相关图谱流传，决定自己画一本。每看到一种，就把它画下来，并翻阅群书进行考证，还会询问当地渔民，来验证古书中记载的真伪。

鳃只能生长在沙质的海底上，不能移动。

因此，它们是很容易被捕获的猎物。海鳃通常生长在有强大海流的地方，当它们受到攻击时，就利用复杂的"光电池"发出很强的光，使敌人头晕眼花，无法辨认方向，接着就被强大的海流冲走了。还有一种海鳃有一种警报系统，当敌害接近时，它们就发出很强的光，把周围的黑暗照得雪亮，使敌害暴露自己的位置，反而被更加凶猛的掠食者吞进了肚子。

❧《海错图》中的海鳃旁边，还画了个两头尖尖的针状物体。旁边的文字解释道："内有骨一条，可以为簪。"

❧ 中国古代有食用海鳃的记录。古人将中间的轴骨下菜，或是把骨抽出来当酒筹。

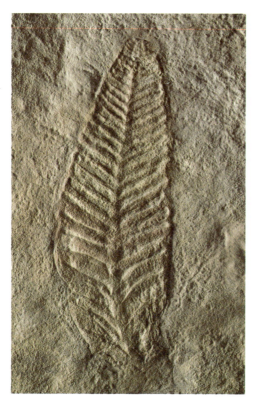

❧ [海鳃化石]

❧ [海鳃的绒毛]

[水滴鱼]

水滴鱼

全/世/界/表/情/最/忧/伤/的/鱼

水滴鱼又名忧伤鱼、软隐棘杜父鱼、波波鱼，由于长着一副哭丧脸，被称为"全世界表情最忧伤"的鱼。

水滴鱼仿佛是来自《绿野仙踪》中的西方女巫师一样，其略带"邪恶"的外表似乎让人感觉这种生物并不属于地球生物大家庭中的一员。

水滴鱼没有鱼鳔，为了保持浮力，水滴鱼浑身由密度比水略小的凝胶状物质构成，全身几乎没有肌肉，这能帮助它们轻松地从海底浮起。

慵懒的孵化方式

水滴鱼的孵化方式与众不同，雌水滴鱼把卵产到较浅海底后，便趴在鱼卵

 每当享用美餐时，水滴鱼根本不需要消耗任何能量，由于密度小，它能很轻松地从海底浮起，然后张开嘴巴，食物就会进入它的口中，真是懒人的进食方式。

上一动不动，直到幼鱼孵出为止。

亟待保护的生存现境

水滴鱼在水下行动迟缓，导致它在面临深海捕捞时无法及时逃脱。

澳大利亚和新西兰深海捕鱼船是世界上最活跃的船队之一，由于大肆进行深海捕捞作业，水滴鱼正在遭受灭绝的

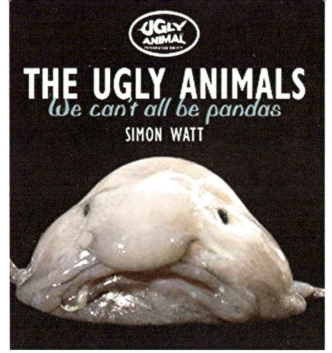

THE UGLY ANIMALS
We can't all be pandas
SIMON WATT

UGLY ANIMAL

❧ [专门为水滴鱼出的书]

被评为"最丑陋动物"之后，大家对水滴鱼的关注也相对多了起来。英国的丑陋动物保护协会甚至为水滴鱼出了一本叫《我们也不能都是熊猫吧！》的书。

❧ 水滴鱼是不能吃的，因为水滴鱼的身体都是胶质物质，而胶质物质对人体有害。

威胁。虽然水滴鱼本身肉质不适于食用，但水滴鱼被同其他鱼类一起捕捞上来，连带着成为牺牲品。

"没有最丑，只有更丑"

为了保护濒危的丑陋动物，英国动物保护人士想了一个办法：发起"没有最丑，只有更丑"的"选丑"比赛。

2013 年 9 月 13 日，据英国媒体报道，超过 3000 人参加了由英国丑陋动物保护协会举办的一个世界最丑动物网上投票评选活动，水滴鱼以 795 票夺得冠军。

❧ [水滴鱼玩偶形象]

据悉，水滴鱼是英国丑陋动物保护协会的官方吉祥物。

枪虾
海/底/枪/手

枪虾有一大一小两只螯，当它把大螯合上时，就会像扣了扳机一样，发出枪响，并发出冲击波杀死猎物。原来在海洋中，不仅有玩阴的，有玩毒的，还有玩枪的！

❀ [枪虾]

枪虾也叫鼓虾，颜色呈泥绿色，拥有一大一小的两只螯，身长约5厘米，其中大螯有 2.5 厘米。原本生活在地中海的温暖水域，现如今则在全世界热带海域均有分布。

随身携带的武器

枪虾的个头没有优势，但它们有一只超大的螯，对，就是一只，这只螯几乎有其身体的一半大，在遇到危险时，它们只要把这只大螯迅速合上，大螯中就会喷射出一道水流，像子弹一样，时速高达 100 千米之快，甚至可以使周围的水瞬间加热到近 4500℃以上的高温，能将猎物击晕甚至是杀死。这致命一击产生的声音高达 210 分贝，与真实的枪

❧ [枪虾与虾虎鱼的同居生活]

声相比（平均约为 150 分贝），显然枪
虾更厉害些。

枪队联盟

　　拥有这样的武器，的确挺威武的，
但是枪虾的眼睛几乎看不见，在枪虾的

❧ [枪虾玩具]

聚集地，它们经常会因为感觉到威胁而自相残杀。不过也有例外，枪虾会与虾虎鱼组成联盟。虽然枪虾眼盲，但是虾虎鱼的视力很好。

通常，枪虾会在沙里挖好一个洞，虾虎鱼就会游来与之同居，为它守望海里的一切。枪虾则会乖乖地守在虾虎鱼身后，为其挖掘后防。虾虎鱼享用枪虾的洞，作为回报，虾虎鱼会充当枪虾的眼睛。

通常虾虎鱼会趴在洞穴的入口处，枪虾则在洞穴中清理通道。当枪虾出来倾倒沙石时，它总把一根触须搭在虾虎鱼的身上，由虾虎鱼带路。当遇到其他鱼来袭时，只要虾虎鱼一动身，枪虾就会对着有威胁的方向"开枪"并迅速逃回洞中。

断螯之后

枪虾最有力的大螯，与许多甲壳动物一样，在遇到攻击的时候会脱落。枪虾在失去大螯后，它的小螯就会长成同样具有强大杀伤力的大螯。换句话说，枪虾相当于把武器换到了另一只手上。

枪虾在断肢再生时，有时候也会出现小故障。枪虾如果失去小螯，偶尔也会错误地长出大螯，从而拥有两只大螯。"双枪"听起来似乎很霸气，但事实上枪虾还需要用小螯来帮助进食。大螯好比打猎用的枪，而小螯则是吃肉用的刀叉。

唯一一对能繁殖的枪虾：虾王和虾后

枪虾拥有一个社会化的组织结构，数百只枪虾会居住在一个海绵内部，由体型较大的"虾王"和"虾后"统治，这是唯一一对能繁殖的枪虾。

若有入侵者出现在它们的领地，枪虾会有节奏地发出呼救的声音，召集同伴前来，同伴到来时，一方面会同步发出攻击，另外还会发出呼救声，以便叫来更多枪虾，当一群枪虾朝着入侵者开枪时，那场面是何其的壮观！

❀ [枪虾]

❀ "枪虾会挖洞，住在洞里。可有个家伙却要去住在它的洞里，那就是虾虎鱼。不过虾虎鱼也不白住，它会在洞口巡视，要是有外敌靠近，就摆动尾鳍通知洞里的枪虾。它们合作无间，互利共生。"
雪穗是枪虾，亮司就是她的虾虎鱼。
——《白夜行》书摘

雀尾螳螂虾

看/到/另/一/个/世/界/的/眼/睛

　　雀尾螳螂虾是一种美丽得耀眼的生物，虽然叫虾，却并非真正的虾，而是一种甲壳动物。它们个性凶残，并且拥有一对能看到"另一个世界"的眼睛。

❋ [雀尾螳螂虾]

　　雀尾螳螂虾又称纹华青龙虾，主要分布于印度尼西亚巴厘岛附近水域，在我国南海及台湾海域也有分布。

美丽的雀尾

　　雀尾螳螂虾体长最大可达 18 厘米，外表由鲜艳的红、蓝、绿等多种颜色构成。其名字很好地概括了这种生物的体貌特征："雀尾"一方面用来形容它们色彩艳丽的身体如孔雀般美丽；另一方面则用来形容它们形状特别的尾部，就像雀

❋ 雀尾螳螂虾是肉食类动物，生性好斗，如果把一只雀尾螳螂虾放进一个大鱼缸里，过不了多久，鱼缸里其他的小动物就会被雀尾螳螂虾给吃个精光，所以雀尾螳螂虾只适合单养。

鸟张开的羽翼那样华丽，令人印象深刻。

惊人的攻击力

　　雀尾螳螂虾是肉食类的凶狠虾蛄，生性好斗，哪怕被抓住了，也会无所畏惧，进行最后的抗争。在猎手嘴里挣扎的雀

尾螳螂虾很难被咽下去，许多又被原封不动地吐了出来。雀尾螳螂虾十分的聪明，攻击力令对手不可小觑。

雀尾螳螂虾可以在五十分之一秒内将捕肢弹射开，弹射的最高时速超过 80 千米，加速度超过 0.22 英寸口径的手枪子弹，可产生最高达 60 千克的冲击力，瞬间由摩擦产生的高温甚至能让周围的水冒出电火花。

雀尾螳螂虾是海洋世界中无可匹敌的"拳击手"。曾有人戴着手套抓捕雀尾螳螂虾，还被其强大的攻击力弄伤了手指，导致流血不止；将其带回放在玻璃缸里，雀尾螳螂虾的一次攻击就将玻璃缸击得粉碎。

看到另一个世界的眼睛

雀尾螳螂虾有两只复眼，它们能看见人们肉眼可见的所有光谱，而且远胜于此。它们不仅能看见紫外线和红外线，其独特而复杂的眼睛构造还能让它们看见偏振光。这些连我们人类都看不见，无法分辨。

偏振光可以做什么呢？动物界中，候鸟靠偏振光指引方向；蜜蜂用偏振光为同伴指明食物源位置，但到了雀尾螳螂虾这里，感视偏振光的能力则会在它

❧ [雀尾螳螂虾]

们繁殖求偶的过程中起到很重要的作用。

因为雀尾螳螂虾身上的软甲含有大量糖分，所以能反射圆偏振光；反射而出的偏振光在它们看来就如发出闪烁耀眼光芒的钻石，以此在茫茫大海中寻觅配偶，往往事半功倍，十分高效。

另外，在找到潜在配偶后，雀尾螳螂虾会用偏振光与对方进行互动和交流，若双方都感到满意，即许下婚约，之后结婚生子壮大族群。

小小的雀尾螳螂虾使用偏振光，保障了沟通的私密性，就像摩斯密码，还能够躲开掠食者和天敌，真是太聪明了。

❧ [雀尾螳螂虾的复眼]

圆振偏光是呈螺旋状变化的光线，雀尾螳螂虾是少数能看见并且使用这种光线的生物，据说它是非常古老的物种，已有几亿年没有进化了。

荧光乌贼

浪/漫/的/荧/光/海/滩/制/造/者

荧光一直是制造浪漫时必不可缺的因素，在日本有这样的一片海域：那里住着一群自带荧光的生物——荧光乌贼，它们点缀着整个海滩，吸引着全世界的游客们。

❧ [荧光乌贼]

荧光乌贼通常只有 7 厘米长，具有复杂的表皮发光器和眼球发光器，主要位于外套膜、头、眼、腕等部位，尤其以眼部和下腹空腔部最为明亮，是靠自身合成放射性的复合物，在氧气、镁离子和荧光酶的参与下发出冷光。

在日本的富山湾海域，每年 3—6 月，这里都会被荧光闪闪的蓝光点亮，既漂亮又壮观，制造这些美景的是海里不计其数的荧光乌贼。

富山湾位于日本北陆东北部，是本州岛日本海侧最大的外洋性内湾。该湾大部分水域水深达 300 米以上，最深的地方超过 1000 米，面积约 2120 平方千米，被称为"不可思议之海"。由于富山湾海域含有各种矿物质及有机物，大量的荧光乌贼常年生活在海底，每年的 3—6 月，荧光乌贼便会聚集到海面产卵。产下的受精卵会结成黏状的线条，长度可以达到 1 米。一只雌性荧光乌贼可以产 1 万颗卵，产卵完毕便会死亡。

有时上百万的荧光乌贼聚集在一起，可以把整个海湾照亮，于是便形成了著名的荧光海滩景观。

红唇蝙蝠鱼

行/走/在/海/底/的/鱼

红唇蝙蝠鱼身体扁平，体长约 25 厘米，头平扁、宽大，有一抹烈焰红唇，周围还长有白色的"胡子"，因从上方看体型像蝙蝠而得名。

❀ [走路的红唇蝙蝠鱼]

红唇蝙蝠鱼生活在加拉帕戈斯群岛海域，通常栖息在浅海，偶尔会在深水中活动。它们以小鱼及无脊椎动物等为食，利用头部上方的棘状触手来诱捕猎物。

❀ 红唇蝙蝠鱼是食肉动物，主要以移动底栖蠕虫、虾或螃蟹等甲壳动物、腹足类动物及双壳类动物为食。它们习惯在沙床中停留，并且能够很好地与沙质洋底融合，将自己伪装起来不被天敌猎食。

记得看过一部电影中有这样一幅场景："有位长着胡子的男人涂抹着艳丽的口红，穿戴着各种配饰……"，这样怪异的装扮，让人看了会有些不舒服，而大自然中也有这样的生物，它除了有醒目的红唇外，还有让人无法忍受的白色胡子。

这种奇丑无比的生物就是红唇蝙蝠鱼，它们体长可达 25 厘米，喜欢栖息在

❀ [红唇蝙蝠鱼的红唇]

沙滩或海底，是南美厄瓜多尔的加拉帕戈斯群岛特有物种。

烈焰红唇

有红唇的鱼比较少见，除了红唇蝙蝠鱼之外，还有一种它的近亲达氏蝙蝠鱼，也有同样的红唇。两者的区别是红唇蝙蝠鱼嘴周有一圈白色的胡子，而达氏蝙蝠鱼则没有。

为什么红唇蝙蝠鱼会有如此娇艳的红唇？有人认为，这抹红唇是为了吸引异性，可它生活在漆黑的海底，伸手不见五指，看都看不见又如何吸引异性呢？也有人认为是为了诱捕猎物，可红唇蝙

❀ 蝙蝠鱼是有效抑制海藻滋长的众多鱼类中的一种，它们吃海藻的能力不亚于鹦嘴鱼和刺尾鱼，甚至还能除去较大颗的海藻。

蝙鱼主要依靠背鳍的触手吸引猎物。这抹红唇到底有什么用，众说纷纭，或者应该对红唇蝙蝠鱼报以浪漫的想象，红唇只是它们的一种装饰……

海底行走

自然界的鱼类，绝大部分是靠"游"来活动的，可红唇蝙蝠鱼却不是游动的。

红唇蝙蝠鱼的胸鳍的支鳍骨发生了变化，变成了"手臂"一般，被称为"假臂"。假臂末端的鳍可以向前弯折，这样这对胸鳍就变成了一对胳膊，而它们的腹鳍生长在喉的位置，这样两对胸鳍和两对腹鳍就像四肢一样，能够支撑起它们的身体，就是靠着这样的"装备"，它们可以在海底自由地行走。

❀ [红唇蝙蝠鱼造型的毛绒玩具]

剑吻鲨

性 / 情 / 刚 / 烈 / 的 / 鲨 / 鱼

剑吻鲨也被称为魔鬼鲨，学名叫欧氏尖吻鲛，是鲨鱼中最稀有的种类之一，它的外形丑陋，性情刚烈，被捕捉后很快就会死去。

剑吻鲨的外形丑陋，头顶长了一个长鼻子，嘴里有锋利的牙齿，主要出没于日本、印度洋和南非周围海域。

巫婆的长鼻子

剑吻鲨的长相和妖怪相似，它们的外形没鳞，长长的鼻子下裂开的大嘴里，有稀疏而锋利的牙齿，更为这个丑陋的外形"锦上添花"。没有人理解它们为什么会长成这个样子，它们长长的鼻子对捕食猎物根本就是一个障碍，但或许可以帮助其探测猎物的存在。

慢吞吞的捕猎

剑吻鲨的外皮松软，不像其他鲨鱼一样有非常发达的肌肉。它们没有鱼鳔，主要通过肝脏里的脂肪来调节浮力，所以行动缓慢。

剑吻鲨喜欢出没于阳光照射不到的深海。它们的食物以硬骨鱼、乌贼和甲壳动物为主。在捕食时，剑吻鲨会悄悄地停留在黑暗的海中央，通过长鼻子里丰富的电感受器观察周围的一切。一旦有猎物靠近，就突然伸出嘴巴，张开咽喉，

[剑吻鲨]

✤ [剑吻鲨造型的工艺品]

通过负压，把猎物吸到嘴里，再使用锋利的牙齿咬住猎物。

性情刚烈

剑吻鲨的性情非常刚烈，当它们陷入渔网不能脱身时，会通过自身鱼鳔的肌体压强变化而膨胀，最后自行爆炸成大大小小的碎块，宁肯粉身碎骨也不愿被人活捉。被捕获的剑吻鲨常常都是死了的或者很快就会死去。它们厚厚的皮肉很少有韧性和弹性，特别是鱼皮就像陶瓷一样硬。爆炸后的剑吻鲨鱼片就像我们平时打碎的一件瓷器，断口完全可以拼接在一起，分毫不差。

神秘的活化石

剑吻鲨的颜色是粉红偏白色的，翅膀显出蓝色，拥有富有弹性的皮肤，让它们在深海中几乎隐形，它们隐藏在深海中，行踪十分的诡秘，这让它们延续了 1.25 亿年。有关剑吻鲨的最早记录是

✤ 以前捕获到的剑吻鲨的皮肤颜色是灰色的，好像没什么特别的。直到人们见到还活着的剑吻鲨，才发现它居然是一种粉红色的鲨鱼。这并不是因为它的皮肤有红色素，而是因为它的皮肤是透明的，身体表面毛细血管中的血液显现出来了。就目前所掌握的信息来看，剑吻鲨粉色的肤色在水下会呈现不可见的黑色，这样在捕食时猎物就不会轻易发现它们。

✤ [邮票上的剑吻鲨]

1898 年，在日本横滨抓到了一条完整的标本，对于它们的习性等信息，人们了解得非常有限，甚至连它们可以活多久、长多大都不是很清楚。

水熊 >>>

极 / 端 / 微 / 生 / 物

生物身体的能量，由摄取的饮食获得，这是一种基本的常识，而这种常识却被一种生物打破了，它们可以不吃不喝活 30 年，甚至将其干燥了 10 年之后，再次放入水中，还能活过来，它们就是水熊。

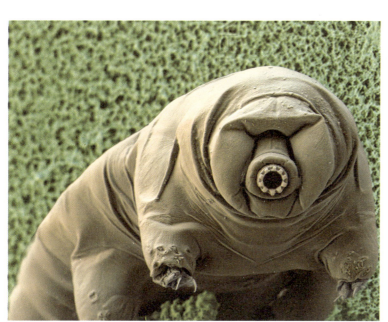

❧ [显微镜下的水熊]

水 熊也称水熊虫，它们的体型极小，最小的只有 50 微米，最大的也就 1.4 毫米，它们有广泛亚种，广泛地分布于世界范围内。

身体结构

水熊必须借助显微镜才能看清。它们的身体由头部和四个体节构成，身体被角质层覆盖。它们的口部有两个向前突出物，一个用于刺进食物，一个用于吸收液体。每个体节两条腿，共有八条腿。根据种类的不同，腿的末端长有爪子、吸盘或脚趾。

揭晓名字由来

水熊虫的英文名：Water bears，直译即为"水熊虫"。如果分析 bears 的英语词性，当它做及物动词时，还有"忍受、承受、支撑"的含义。这点真实地反映了这种虫子顽强的忍耐力和彪悍的生命力，它们能在不吃不喝的情况下生存 30 年之久，进入隐生状态后，还能忍受极端高低温、辐射，甚至能在宇宙的真空

※ [第一个发现水熊的人：约翰·奥古斯特·伊弗雷姆·戈泽]
他毕业于哈雷大学神学学院，后来成为牧师，一直致力于对水生无脊椎动物的研究工作，于1773年发现水熊。

环境下生存。

外挂般可切换的生存状态

水熊可以切换到一种隐生的状态，这是一种类似"假死"的状态，并停止一切新陈代谢。

在隐生状态下，水熊可以在151℃的高温、−272.8℃的低温（接近绝对零度）、真空、高度辐射及高压的环境下继续生存。当隐生的水熊再次接触到水时，它

们便如凤凰涅槃般舒展身体，"复活"过来，这个状态被称为"水合"。曾经有科学家们利用碳十四，对一只经过水合后重生的水熊进行研究，测定后发现该水熊隐生了超过120年。

彪悍的生命力

据美国《国家地理》杂志报道说，在6600万年前，一颗小行星撞击地球，导致了75%的物种遭到灭绝，但是水熊却活了下来。

只要有水，有海洋存在，水熊便不会灭绝。

※ [为纪念水熊而发行的邮票]

翻车鱼

世/界/上/最/重/的/硬/骨/鱼

翻车鱼体形侧扁，有两只明亮的眼睛和小小的嘴巴，长相呆萌，虽然体型巨大，性情却非常温和，而且也是许多鱼类的"专业医生"。

❀ [翻车鱼]

最多名字的鱼

翻车鱼有很多名字，在不同的国家和不同的海域有不同的叫法，比如：

普及最广的叫法是翻车鱼，是因为渔民常常看见它翻躺在水面如在晒日光浴而以"翻车"的名字来形容翻车鱼。

翻车鱼喜欢侧身躺在海面之上，在夜间发出微微光芒，于是法国人叫它"月光鱼"。

翻车鱼尾巴短小，却有着圆圆扁扁的庞大身躯，以及大大的眼和嘟起的嘴，可爱的模样像一个卡通人头，于是德国人称它"游泳的头"。

翻车鱼在海中游泳时，好像在跳曼波舞一样有趣，于是日本人称它为"曼波鱼"。

笨拙的游泳技能

翻车鱼主要靠背鳍及臀鳍摆动来前进，所以游泳技术不佳且速度缓慢，很容易被渔网捕获。

翻车鱼的身体像鲳鱼那样扁平，它们常常利用扁平体形悠闲地躺在海面上，借助吞入空气来减轻自己的比重，若遇到敌害时，就潜入海洋深处，用扁的身体劈开一条水路逃之夭夭。天气好的时候，有时能看到翻车鱼像睡在海面上一样，一面向上平卧着，随波逐流地漂荡。

专业医生

翻车鱼会分泌一种奇特的物质来改

善四周的环境，这种分泌物可以用来治疗周围鱼类的伤病，至于原因目前无法解释，但无可厚非，翻车鱼的的确确可以算得上是鱼里面的大夫。

宇宙大爆炸式的生长力

翻车鱼拥有庞大的体型，最大体长能达 5.5 米，重达 3500 千克。但是最令人惊讶的并非它们庞大的身躯，而是它们宇宙大爆炸式的生长力。

当翻车鱼被孵化时，它们的体长仅 2 毫米；当它们长至成年时（成年以 3 米来计算），那么，它们的身长足足翻了1500 倍。

初生时的翻车鱼幼鱼体重仅 0.04 克，当它们长至成年时（若按成鱼 2000 千克来计算），那么，它们的体重足足翻了

✤ [第一次有记录的发现翻车鱼]

1910 年捕获的翻车鱼，估计重量为 1600 千克（3500 磅）。当时的人们并未发现过这么大的鱼，所以都争相与之合影。

✤ 翻车鱼在海洋中很难遇见，但是对于靠大海吃饭的渔民来说，遇见它并非好事，一旦捞到这种鱼，必须马上放生，以求得平安。

✤ 为何翻车鱼的照片中，它的表情常会是"惊慌"的口型？那是因为翻车鱼的上牙和下牙融合成一个鹦鹉般的喙，是永久张开的，这种进化是为了更方便进食水母，所以人们总能见到它"惊慌"的口型。

5000 万倍。

这样的生长力，放眼整个生物界，也没有几个动物能与之匹敌。翻车鱼的这种能力，被专家称之为泰坦基因。

彩带鳗鱼

一/边/长/大，一/边/变/色，一/边/变/性

彩带鳗鱼因游动时像飞舞的彩带而得名，体长约130厘米，并且可以改变颜色和性别，是一种非常奇怪的鱼。

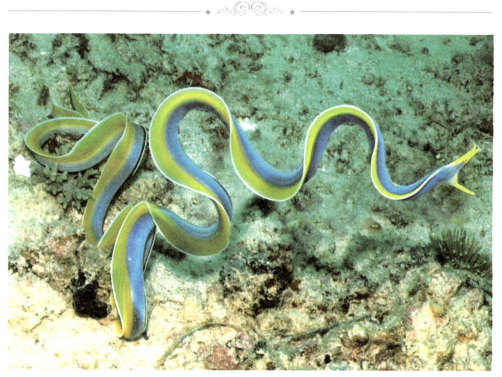

✤ [彩带鳗鱼]

彩带鳗鱼是一种热带鳗鱼，分布在太平洋西部及我国台湾的珊瑚礁海域，因游动时像彩带而得名。

彩带鳗鱼幼小时为雌性，身体为黑色；当它们长到体长约50厘米时，就变成雄性，身体会随之变成蓝色；继续长到90厘米时，身体变成黄色，性别则变为雌性。这个变化并不一定，体长在65～100厘米时，它们是黑蓝色或蓝色的雄鱼；体长在100～133厘米时，又由蓝色变为蓝黄色的雌鱼；直到长成130厘米的成鱼。在这个过程中它们还要经历4次颜色变化和3次性别变化，直到长为金黄色的雌鱼。

河豚

海/底/麦/田/怪/圈

　　麦田怪圈以它神奇的巨型图案和神秘的形成原因，吸引着人们的目光，有人说麦田怪圈是外星人的杰作，也有人说是自然现象造成的，更有人说麦田怪圈是人类制造的……出现在海底的麦田怪圈，又是谁的杰作呢？

发现海底怪圈

据国外媒体报道，有水下摄影师在日本奄美大岛附近海域 24 米深的海底潜水时，发现了一个类似"麦田怪圈"的神秘图案。这个图案就像一个散发着光芒的太阳的图腾，直径约 1.8 米，就像经过精心建造的一样。

　　类似这样的图案在美国佛罗里达州的一片沼泽地里也曾经发现过，沼泽地里的图案比海底发现的图案简单，就是一个个简单的凹陷的坑，很难想象谁可以建造出如此精致的"麦田怪圈"。

这是小河豚的杰作

　　这些怪圈是外星人留下的标记，还是一种特殊的自然现象？实际上，这个类似"麦田怪圈"的神秘图案，建造者并不是外星人，也不是人类，更不是某种自然力，它是由一种大小仅为十几厘米长的河豚建造的。如果是一群河豚集体建造了这样一个怪圈，那就不足为奇了，但是事实却是这样一个直径为 1.8 米的怪

✤ [河豚]

河豚古时称"肺鱼"。一般泛指鲀形目中二齿鲀科、三齿鲀科、四齿鲀科以及箱鲀科所属的鱼类。河豚为暖温带及热带近海底层鱼类，栖息于海洋的中、下层，有少数种类进入淡水江河中，当遇到外敌，腹腔气囊则迅速膨胀，使整个身体呈球状浮上水面，同时皮肤上的小刺竖起，借以自卫。

✤ 河豚毒相当于剧毒品氰化钠的 1250 倍，是迄今为止自然界中发现毒性最强的非蛋白质之一。

✤ 根据《山海经·北山经》记载，早在距今4000 多年前的大禹治水时代，长江下游沿岸的人们就品尝过河豚，知道它有剧毒。

✤ 吴王夫差成就霸业后，河豚被推崇为极品美食，夫差更将河豚与美女西施相比，河豚肝被称之为"西施肝"，河豚精巢被称之为"西施乳"。

❧ [海底怪圈]

❧ 李时珍在《本草集解》中还提到宋人严有翼在《艺苑雌黄》中说："河豚，水族之奇味，世传其杀人，余守丹阳、宣城，见土人户户食之。但用菘菜、蒌蒿、荻芽三物煮之，亦未见死者。"

❧ 民间吃河豚有个规矩：互相之间不劝让。为什么不劝让呢？这是你自愿的，你敢吃就吃，不敢吃你就没有这个口福了。

圈完全由一条河豚完成，而它的工具就是那小得可怜的鱼鳍。

它们为什么这么费力地建造怪圈呢？

建造怪圈是为了吸引雌性

建造这种怪圈的河豚是雄性，它们千辛万苦地建造这种大型图案的目的是吸引雌性的注意，雄河豚会在这个圆圈上用不规则的花样，以及贝壳或珊瑚虫的骨骼装饰。图案中的凹槽越多，雄河豚获得"美人"青睐的可能性越大。如果雌河豚看上了这个圆圈和建造这个圆圈的雄河豚，它就会心满意足地与雄河豚完成交配，之后雌河豚会小心翼翼地在这种图案中心区域产下鱼卵，直到 6 天后这些鱼卵孵化。

此后，雄河豚会做一个好丈夫，它会把所有精细的沙子都堆放到圆圈中间，并且会不停地从其他地方寻找精细的沙子，加固改造新的圆环。

[干活中的河豚]

怪圈还是个很好的育儿场所

吸引异性还只是怪圈的作用之一，怪圈中心圆形中的沟壑以及外围的沟壑可以减缓经过这一区域的水流速度，使怪圈中心处于相对平静的状态，用来保护鱼卵和孵化出的幼鱼，不会随波逐流而飘走，从而保证了它们的繁殖率。这样看来怪圈算是一个育儿的绝好场所。

看到这里谁还会说老婆要套房子的要求过分？连河豚都是这样做的：有房子，最好是漂亮的大房字，当然啦，房子里还得配备很好的育儿区。

可见每一条雄河豚都是海底的艺术家。为了创造出这种图案，体长只有几厘米的河豚，在海底用它的鳍以一种单一的动作在沙子中挖出凹槽。由于鱼鳍太小，建造工程庞大，它不得不没日没夜地工作，真是让人佩服和惊讶。

河豚是如何把握怪圈的结构，又为何要把巢穴建成这样，而不是其他的鱼那样的窝？这个图案表示什么，为什么每条河豚做出来的窝不完全相同？这些怪圈都是它们有意而为之的，难道它们有思想，这些都值得科学家研究并深度揭秘。

《范饶州坐中客语食河豚鱼》
宋代诗人梅尧臣

春洲生荻芽，春岸飞杨花。
河豚当是时，贵不数鱼虾。
其状已可怪，其毒亦莫加。
忿腹若封豕，怒目犹吴蛙。
庖煎苟失所，入喉为镆铘。
若此丧躯体，何须资齿牙。
持问南方人，党护复矜夸。
皆言美无度，谁谓死如麻。
我语不能屈，自思空咄嗟。
退之来潮阳，始惮餐笼蛇。
子厚居柳州，而甘食虾蟆。
二物虽可憎，性命无舛差。
斯味曾不比，中藏祸无涯。
甚美恶亦称，此言诚可嘉。

灯塔水母

永 / 生 / 不 / 死

但凡世间生物，无一能逃出生、老、病、死这个过程，但是海洋中有这样一种生物，它能利用与生俱来的特性"逆转时光"，获得近乎无限的寿命，它就是灯塔水母。

灯塔水母是一种很小的水母，直径仅 4 ~ 5 毫米，透明身躯内部的红色物质是它们的胃部，状如灯塔，因而得名。

和身体相比，灯塔水母的胃非常巨大，横断面为特殊的十字形。灯塔水母是热衷于捕食浮游生物、甲壳类动物、多毛类动物和小型鱼类的肉食主义者。它们大多生活在热带海域，原本主要分布于加勒比地区，现在已经扩散到了世界各地。

灯塔水母的寿命

灯塔水母在 20℃ 的水温中，只需 25 ~ 30 天就能达到性成熟。普通的水母在有性生殖之后就会死亡，而灯塔水母却能够在特定的条件下，再次回到水螅型，这被称作分化转移。

这也就意味着，灯塔水母在生育完后代之后，又会再一次轮回到幼儿期，而不是像其他生物一样慢慢衰老。

理论上，灯塔水母可以通过反复的生殖和分化转移获得无限的寿命，所以它被称为"长生不老的水母"。更准确

❀ 从古至今，人类一直在孜孜不倦地追求长生不老，却从来没有人成功过。灯塔水母或许能给人们带来长生不老的曙光。

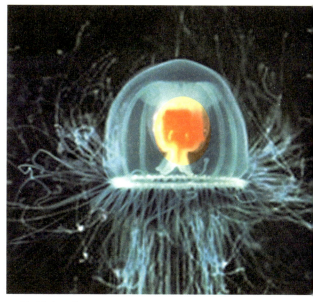

❀ [灯塔水母]

❀ 水螅虫纲的动物大都有世代交替现象，少数种类只有水螅型时期或水母型时期。

✤ [普罗米修斯——美国狐尾松]

地球上年龄最老的树是一棵绰号"普罗米修斯"的美国狐尾松，它在 1964 年倒下前，估计已有 5000 岁。

在西伯利亚、加拿大冻土带和南极还生存着一些年龄大约有 50 万岁的细菌。可是这些远远比不上灯塔水母的年龄。

地说，应该是重复的"返老还童"。据说有些灯塔水母的寿命能追溯到地质时期，比人类的历史长得多。

并非不老不死

事实上，当灯塔水母变回幼虫，重回水螅体的时候，本体就已经死亡，只是这种生物学现象被误认为"永生"。

研究人员表示，灯塔水母的"返老还童"，是把自己身体的细胞向年轻化逆转，不过这种逆转是需要有特定的条件，当它们遭遇饥饿、物理损伤或是其他突发危机时，才能逆生长。也就是说只有少数灯塔水母能返老还童，

大部分的灯塔水母还是按照正常的生命周期死亡。

粉身碎骨都不怕

灯塔水母属于水螅虫纲，它们也和大多数水螅虫一样有再生能力。如果把一个灯塔水母切成两段，这两段会在 24 小时内自愈，并且在 72 小时后，两段切开的水母会分别长出触角。理论上，哪怕是把它们放入破壁机中打碎，只要它们的细胞完整，就可以重新开始生命，并且是每一个细胞都可以长出新的生命。

大马哈鱼

母 / 爱 / 之 / 鱼

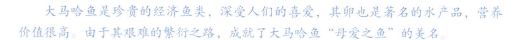

大马哈鱼是珍贵的经济鱼类，深受人们的喜爱，其卵也是著名的水产品，营养价值很高。由于其艰难的繁衍之路，成就了大马哈鱼"母爱之鱼"的美名。

❧ [大马哈鱼]

大马哈鱼也被称作大麻哈鱼，是世界著名的经济鱼类，在我国黑龙江、乌苏里江及松花江等处也有此鱼种。

洄游之路

大马哈鱼在海洋里生长 4 年左右之后，会不顾路途遥远，千里甚至万里迢迢准确洄游到它的诞生地产卵——淡水江河中。由于大马哈鱼数目众多，它们的群体洄游，实现了大自然物质和能量的循环。大马哈鱼从海洋中给沿途的森林带去了 80% 的氮。除此之外，在海洋中吃得肠肥肚圆的大马哈鱼，养活了内

❧ 大马哈鱼做好产卵准备后，它们的体色会发生明显变化，变得非常鲜艳，比如北美大马哈鱼就会变成红色。当然，这一变色过程不是一下就完成的，而是从洄游至江河，性激素大量分泌时才开始的。

陆许多的生物，比如北美的大马哈鱼洄游区域内就有 200 多类物种把大马哈鱼当作赖以生存的食物，其中北美灰熊就是一种十分依赖大马哈鱼的动物。

母爱之鱼

经过长途跋涉的大马哈鱼，都已经筋疲力尽，瘦骨嶙峋，当它们到达目的

🌸 [大马哈鱼鱼子]

大马哈鱼鱼子比鱼肉更为珍贵，其直径约7毫米，色泽嫣红透明，宛如琥珀，营养价值极高，7粒大马哈鱼鱼子的营养相当于一个鸡蛋。用它制成的鱼子酱盛到盘子里犹如红色的珍珠，闪闪发光，能引起人的食欲，故"身价"极高。

🌸 一般太平洋大马哈鱼洄游产卵后都会死去，而大西洋大马哈鱼则不然，它们是年复一年的洄游产卵。太平洋大马哈鱼被腐蚀的尸体滋养了江河，为它们成长中的孩子提供了充足的食物。

🌸 赫哲人和大马哈鱼

在我国东北地区的赫哲族中有这样一段传说。

很久以前，有个叫什尔大如的额真（满语，是负责人的意思）被敌国打败，溃逃到三江下游，人困马乏，粮草全无。

前有大河，后有敌军，什尔大如不知所措。龙王同情什尔大如，于是派鳖元帅和大鲸鱼，把大马哈鱼从海里赶回江里，让其成为军队的粮食。

大马哈鱼乞求龙王待其产子后再回江里，龙王深知什尔大如军队的难处，无法支撑那么久，于是拒绝了大马哈鱼，并令其在一个月之内到达江里。大马哈鱼无奈之下，一路不吃不喝，来到了江里。

什尔大如全军上下，依靠捕食大马哈鱼充当军粮，打败了敌军，保卫了家园。

时至今，一到白露后，大马哈鱼就成了赫哲族家乡最著名的特产了。

🌸 世界上最有感情的三条鱼是母爱之鱼大马哈鱼、微山湖的孝子之鱼乌鳢和乡恋之鱼鲑鱼。大马哈鱼母亲会任由自己的子女撕咬自己的身体，吃自己的肉长大，因而被称为"母爱之鱼"。乌鳢产子后便双目失明，无法觅食而只能忍饥挨饿，孵化出来的千百条小鱼天生灵性，不忍母亲饿死，便一条一条地主动游到母鱼的嘴里供母鱼充饥。母鱼活过来了，子女的存活量却不到总数的十分之一，它们大多为了母亲献出了自己年幼的生命，因此被称为孝子之鱼。鲑鱼因为长大后粉身碎骨也要回到自己出生地的惨烈和悲壮，而被称为乡恋之鱼。

地时，已经疲惫不堪。在合适的水域，雌鱼会产下卵子，雄鱼再撒下精液。

经过一段时间的孵化，刚孵出的小鱼是不能觅食的，就会围着妈妈吃其身体上的肉。大马哈鱼母亲会忍着剧痛，任其撕咬，用自己的身体帮助孩子们成长。小鱼长大了，母鱼也只剩下一堆骸骨，无声地诠释着这个世界上最伟大的母爱。所以，大马哈鱼又被称为"母爱之鱼"。

🌸 [鹿神——赫哲族]

赫哲族是中国东北地区一个古老的民族，是我国唯一现存的渔猎民族。

豹鲂鮄

爬、/游、/飞/三/项/全/能

海洋中光怪陆离，无所不有，有会爬的红唇蝙蝠鱼；有会跳的跳跳鱼；也有会飞的飞鱼；而豹鲂鮄是"爬、游、飞"三项全能的鱼类，看看它是怎样做到的吧。

★ ✦ ★

豹鲂鮄，看到这3个字，是不是有点晕？是这样读的：Bào fáng fú，它是一种暖水性海洋鱼类。体长形，胸鳍大，分为两部分；前部短，后部长，呈翼状，颜色艳丽。

[豹鲂鮄]

爬技能

豹鲂鮄的胸鳍由3根独立的鳍条组成，能够自由活动，豹鲂鮄借助这3根鳍条可以在广阔的海底自由自在地爬行。

❀ 豹鲂鮄是一个古老的鱼种，在生物的进化方面具有重要的研究价值。

游技能

鱼类最基本的技能就是游泳，豹鲂鮄肯定也是会的。当豹鲂鮄在从海底爬行转为在水中游泳时，其胸鳍及鳍前的3根独立鳍条就收拢，紧贴在体侧，以减少在水中的阻力。

飞技能

豹鲂鮄游兴达到高潮时，便以极快的速度冲出水面，继而展开"双翅"——胸鳍，在空中飞行。严格意义来讲，鱼类的飞不是真正的飞，而是滑翔。虽然如此，但是豹鲂鮄却将此技能演绎得非常到位：豹鲂鮄的鱼鳍会相互配合着扇动。与飞鱼相比，豹鲂鮄的胸鳍更大更长，张开来就像飞机的翅膀一样，能伸展胸鳍在水面滑行一段距离！

52 赫兹鲸

52 / 赫 / 兹 / 的 / 孤 / 独

其实鲸不算是群居动物,因为其声音传播距离非常远,所以它们不需要离得太近。可是世界上却有一头最为孤独的鲸,它天生无法和同类沟通,只能孤独的在海洋中游荡。

❦ [52 赫兹的爱情]

52 赫兹,代表着一种没有同类能接收的频率,就是"孤单的人,我爱你"。孤单,正是所有爱情的开始……

人类是通过声音传播信息、相互交流的,而鲸则是通过频率相互传递交流的内容。可有这样一头鲸,它有同类完全无法企及的高频率,导致它无法和同类沟通,以至于终生孤独。

52 赫兹的孤独

1989 年,美国海军设立的水底探测器在监听敌军潜艇时捕捉到了一种奇怪的声音,这种声音似乎是鲸的叫声,但和其他所有鲸的叫声频率都不同,它的频率是 52 赫兹。这是一头能发出频率在 52 赫兹叫声的蓝鲸,它是世界上最孤独的鲸,因为它的声音频率比正常的鲸高很多,正常的鲸声音频率为 15 ~ 25 赫兹,而它有 52 赫兹,所以这头蓝鲸和普通的鲸无法沟通。它的世界里只有自己,没有亲人和朋友,开心的时候没有同伴分享,难过的时候也没有同伴理睬,它每天旅行 40 多千米,没有人知道它不停游动的目的,它不留恋某处,从来不会长期逗留。或许这头孤独的鲸不停地在找一个和自己一样的同伴,不停地游,不断地遇见,不停地寻找。

人们给这头鲸起名为 Alice,它一直孤独地生活在美国阿拉斯加附近海域。

50 赫兹的同伴

孤独的 Alice 一直无法与同伴沟通,这令许多人担忧。由于全球气温上升,冰层融化,Alice 游到了大西洋。

2010 年,科研人员发现了一群发出 50 赫兹频率叫声的鲸。为了让 Alice 融入鲸群,科学家将其头盖骨发声窦进行了改造,将其发声的频率变为 48 ~ 50 赫兹,看似改动不大,但是,Alice 与那群发声相似的同伴,可以沟通了。Alice 终于不再孤独了。

据专家介绍,那一群发声在 50 赫兹的鲸可能与 Alice 一样,是不同种类的鲸杂交而成的后代,比如鳍鲸与蓝鲸的杂交种类,身体与鳍鲸相似,却拥有蓝鲸的鼻子和鳍状肢。

桶眼鱼 >>>>>

来 / 自 / 外 / 星 / 的 / 鱼

桶眼鱼之所以得名，是因为它的眼睛形状像桶。这种鱼主要生活在太平洋、大西洋和印度洋 400 ～ 2500 米的深处。

桶眼鱼这种构造奇特的生物，在 1939 年被首次发现，由于它的活动区域只能是深海，若游到浅水海域，其身体会受到损害，所以极难被人发现。

桶眼鱼生活在暗淡无光的漆黑深海里，由于没有光线，所以其身体进化出奇特的构造。

头部透明的奇特

桶眼鱼的头部是完全透明的。可以通过它透明的皮肤看到头部里面的器官结构，甚至可以看到大脑的运动。

❧ [桶眼鱼]

[蒙特利湾水族馆研究所]

桶眼鱼怪异的形象得以面世，源自 2009 年蒙特利湾水族馆研究所（MBARI）的研究人员使用远程控制摄像机潜入深海拍摄到。

🌿 桶眼鱼早在 1939 年就已经被发现了，但由于这种鱼只适合深海活动，一旦带到浅水区，它的身体就会受到伤害，所以，虽有发现但却没有足够的资料能够研究它。

[后肛鱼科邮票]

桶眼鱼属于后肛鱼科，学名为大鳍后肛鱼，该科下有许多"大眼"族的鱼类，比如南非透吻后肛鱼，这张邮票就将后肛鱼科的大眼准确地描绘出来。

奇特的眼睛

仔细看桶眼鱼的照片，你会认为哪是它的眼睛？很不幸地告诉你，你肯定会猜错！

桶眼鱼头部的翡翠绿色的部位才是它们真正的眼睛。这种独特的眼睛可以在头内自由转动，不仅能向前看，还能透过透明的脑袋向上看，而常被"认为"是它们眼睛的部分，其实是它们的"鼻孔"。

桶眼鱼的眼睛呈桶状，内部是绿色组织。这样的结构能为桶眼鱼带来什么，会不会因此而导致它的视力变差？事实上，这种桶状的眼睛更有利于桶眼鱼收集深海生物所发出的光线。绿色的眼睛还可以过滤掉海洋上层射到深海的光线，能帮助桶眼鱼更清晰地发现猎物。

不劳而获的桶眼鱼

在 400 ~ 2500 米的海洋深处，不仅太阳无法照到，而且食物稀少。在这里生存的海洋生物为了捕食，都在努力改进捕食技能，不过桶眼鱼却没有，它们是属于"不劳而获"的那一类。

桶眼鱼常在管水母下方活动，那双碧绿色的眼睛和身体都会时刻注意管水母的动静。当管水母捕捉到猎物后，桶眼鱼就会快速出击，夺取人家的猎物作为自己的食物，一旦得手，桶眼鱼又恢复到原来的状态，眼睛继续向上看，等待再次"不劳而获"的时机。

小丑鱼

是 / 男 / 是 / 女 / 随 / 心 / 所 / 欲

小丑鱼是对雀鲷科海葵鱼亚科鱼类的俗称，因为它们脸上都有一条或两条白色条纹，好似京剧中的丑角而得名。小丑鱼会因外界的原因，忽男忽女，而且还会和海葵共生，是种有趣的生物。

❀ [《海底总动员》剧照]

小丑鱼主要生活在印度洋和太平洋较温暖的海域，时常与珊瑚礁、岩礁及海葵、海胆等生物共生。

是男是女要看伴侣需要

动画片《海底总动员》使小丑鱼在全世界走红。剧中的尼莫由单身爸爸马林独自抚养，为了营救儿子，马林多次铤而走险，场面惊心动魄。

动画片中的马林和尼莫拥有一个海葵，真实的世界中，小丑鱼同样是极具领域观念的，小丑鱼内部有严格的等级制度。通常一对雌雄鱼会占据一个海葵，阻止其他同类进入。

在小丑鱼的社会里，体格最强壮的雌鱼有绝对的威严，她和她的配偶雄鱼占主导地位，其他的家庭成员会被雌鱼驱赶，让它们只能在海葵周边不重要的角落里活动。如果当家的雌鱼不见了，那它的配偶雄鱼会在几个星期内转变为雌鱼，再花更长的时间来改变外部特征，如体形和颜色，最后完全转变为雌鱼，而其他的雄鱼中又会产生一尾最强壮的成为她的配偶。

小丑鱼又名海葵鱼

小丑鱼还有一个名字叫海葵鱼，因为它身体表面拥有特殊的体表黏液，可保护它不受海葵的影响，而能安全自在地生活于其间。因为有海葵的保护，使小丑鱼免受其他大鱼的攻击，同时海葵

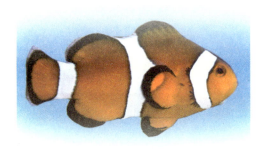

❈ [小丑鱼]

❈ [海葵和小丑鱼]

❀ [海葵和小丑鱼]

吃剩的食物也可供给小丑鱼，而小丑鱼会利用海葵的触手丛安心地筑巢、产卵。

对海葵而言，可借着小丑鱼的自由进出，吸引其他的鱼类靠近，增加捕食的机会；小丑鱼可除去海葵的坏死组织及寄生虫；同时小丑鱼的游动还可减少残屑沉淀至海葵丛中。小丑鱼也可以借着身体在海葵触手间的摩擦，除去身体上的寄生虫或霉菌等。

小丑鱼产卵在海葵触手中，孵化后，幼鱼在水层中生活一段时间，才开始选择适合它们生长的海葵群，经过适应后，才能共同生活。值得注意的是，小丑鱼并不能生活在每一种海葵中，只可在特定的对象中生活；而小丑鱼在没有海葵的环境下依然可以生存，只不过缺少保护罢了。

小丑鱼的外形并不丑陋，应该说是非常可爱，所以现在越来越多的小丑鱼被饲养在鱼缸内，其外表的颜色也随着鱼缸的环境不同有不同的变化。

❀ [小丑鱼邮票——木版画]

Chapter 4

飘忽不定的
幽灵船之谜

"贝奇摩"号

漂 / 流 / 了 / 50 / 年 / 的 / 幽 / 灵 / 船

幽灵船是指许多年前失踪或沉海的船，被发现在海上航行，而船里空无一人。浩瀚无垠的大海中，到底有多少这样的船只，人们不得而知。它们为何会四处游荡，同样也是个谜。

在 航海史上，幽灵船成了海上神秘现象的象征。令人吃惊的是，这样的事件一再发生。这些船舶几十年来被人们弃置一旁，就像幽灵似的在海上游荡，还时不时地出现在人们的视野之中。

不幸的"贝奇摩"号

加拿大哈得孙湾公司有一艘1300吨的蒸汽货轮，这就是不幸的"贝奇摩"号。"贝奇摩"号非常雄伟、漂亮，而且坚固结实，足以抵挡北方水域可怕的大块

❧ [出海前的"贝奇摩"号]

"贝奇摩"号为蒸汽发动、能运载1322吨货物的货船，由瑞典造船公司于1914年建成，随后被德国海运公司买下，第一次世界大战爆发前，"贝奇摩"号一直在瑞典和德国汉堡之间往返运货。战后，德国转让"贝奇摩"号给苏格兰的哈得孙湾公司，主要用来与因纽特人交易毛皮，此外也运载加拿大西岸及阿拉斯加的乘客。

❋ 1670 年 5 月 2 日，经英国国王查尔斯二世的皇家特许，成立了作为合股公司的哈得孙湾公司。该公司被批准垄断哈得孙湾地区的所有贸易。这是一个方圆 388.5 万平方千米的巨大地区，该地区比 10 个日本、15 个英国，或者 30 个纽约州还要大。该公司法定的全部垄断权名义上包括该地区的所有商品交易，但实际上该公司主要是以欧洲的制成品换取当地居民的动物毛皮，特别是海狸皮。

浮冰和流冰的袭击。

1931 年 7 月 6 日，这艘货轮从加拿大温哥华港起航，开始了新的航程。货轮顺利地抵达了终点——维多利亚海岸。在那里，船员们把船舱装得满满的，然后准备返回温哥华。

不幸的是，狂风和酷寒迅速地把流冰群带往南方。茫茫大海只剩下一条狭窄的水路。10 月 1 日，"贝奇摩"号被海上的冰冰封起来，船身无法移动了。船长康韦尔只能带领全体船员离船去了港口附近的村子里躲避寒冷。

10 月 8 日，冰上出现了大裂缝，船慢慢移动起来。眼看这艘货轮就会像鸡蛋壳那样被挤得粉碎，于是船长发出了呼救信号。哈得孙湾公司出于无奈，派飞机运走了大部分船员，只留下船长和其他几名船员，企图等冰块融化后把船和货物抢救出来。

11 月 24 日漆黑的深夜里，暴风雪降

❋ [被冰雪困住的"贝奇摩"号]

临了这个地区。船员们在避寒的小木屋中，发现远处的"贝奇摩"号不知去向了。他们四处搜寻，仍一无所获，只能推测它已被暴风雪击成碎片，沉入海底了。

飘忽不定的"贝奇摩"号

不料几天后，一个以猎取海豹为生的因纽特人给船员们带来一个喜讯：他曾看到过这艘船。

船员们闻讯赶到那里一看，"贝奇摩"号早已被坚冰结结实实地冻住，根本无法把它开回去了。船长康韦尔只好依依不舍地离开了"贝奇摩"号，乘飞机返回家园。

1939年以后，"贝奇摩"号在人们的视野中又出现了好几十次。每一次无论人们怎样努力追踪，都被它无情地甩掉了。多年来，它在冰块的纠缠和包围中，漂移了数千千米。

1962年3月，一群因纽特人在捕鱼的时候，又见到了正在北冰洋波弗特海漂移的"贝奇摩"号，当时它的外壳已经生了锈，但仍然没有破损。这群因纽特人无力营救它，只能眼睁睁地看着它向远处漂去。人们最后一次看到"贝奇摩"号是在1969年，这时，船已被牢固地冻在巴罗角附近的波弗特海中。

从1931年底开始，这艘出没无常、无人驾驶的幽灵船，在海上漂流了80多年，也许它还在海上继续漂流着。它既没有回到人类的怀抱，也没有进入宣告失踪的船舶行列。

因纽特人生活在北极地区，分布在从西伯利亚、阿拉斯加到格陵兰的北极圈内外，分别居住在格陵兰、美国、加拿大和俄罗斯。属蒙古人种北极类型，先后创造了用拉丁字母和斯拉夫字母拼写的文字。多信万物有灵和萨满教，部分信基督教新教和天主教。

因纽特人的祖先来自中国北方，大约是在一万年前从亚洲渡过白令海峡到达美洲的，或者是通过冰封的海峡陆桥过去的。

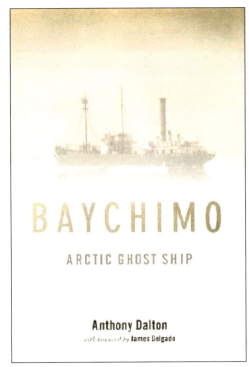

BAYCHIMO

ARCTIC GHOST SHIP

Anthony Dalton
with foreword by James Delgado

❧ [英文书《"贝奇摩"号幽灵船》-图书封面]

"巴伦西亚"号

漂/泊/在/海/上/的/幽/灵/船

"巴伦西亚"号是一艘世界著名的沉船，造成了 150 人死亡的海难事件，但是奇妙的是 27 年后，人们居然还发现了该船的救生筏，甚至连油漆层都没有变化。

❀ ["巴伦西亚"号——1904 年]

1 906 年，"巴伦西亚"号沉没在英属哥伦比亚海域的温哥华海岸，这艘船似乎当天交了什么厄运，不仅遭遇了恶劣天气，还触了礁，船身开始进水。随着进水越来越多，船员们在施救无望的情况下开始自救，但仍然有多人遇难。据统计：船上共有 180 余人，仅有 37 人幸存下来。

事后 5 个月，一名渔民在一个洞穴中发现一艘救生筏和 8 具人骨，这给调查的警方带来了好的消息，于是警方围绕该海域进行了大面积的调查，结果却是一无所获。

本来，这个沉船事故已经结束了。但是在海上漂泊的水手们经常说，在"巴伦西亚"号触礁的地方常常会看见漂浮的幽灵，大家以为是笑话，结果在此事故 27 年后，在巴克利湾居然发现了一艘"巴伦西亚"号上当年的救生筏，这艘救生筏甚至还保留着原来的油漆涂层。

❀ "巴伦西亚"号是世界十大鬼船之一，其他的鬼船还有"贝奇摩"号、"罗维朋夫人"号、"飞翔的荷兰人"号等。

"卡罗尔·迪林"号

全/体/船/员/人/间/蒸/发

"卡罗尔·迪林"号在被发现时船上空无一人,并且没有任何打斗的痕迹,而且船体也没有受损,这艘船到底经历了什么?

❧ [出港前的"卡罗尔·迪林"号]

故事发生在 1921 年。

"卡罗尔·迪林"号是一艘 5 桅杆帆船,从美国弗吉尼亚州前往巴西里约热内卢运送煤炭,途中在巴巴多斯补充给养,然后继续朝着自己的目的地弗吉尼亚州的诺福克驶去。可是,行驶不久便消失在航道之上。

时隐时现的幽灵船

此后,人们曾在美国北卡罗来纳州的一处海岸看到"卡罗尔·迪林"号,当时上面有一个操着外国口音的男子称船的锚不见了。后来,人们又在另一个海岸边看到这艘船,当美国海岸警卫队经过几天跋涉到达时,发现该船已经废弃,导航设备、航海日志连同船员和船上的两艘救生艇一起失踪,而现场没有任何打斗痕迹。

是内乱还是遭遇海盗?

全体船员从此如人间蒸发,直到今天,阴谋论者仍然用"卡罗尔·迪林"

🌿 [被拍到的"卡罗尔·迪林"号]

1921 年该船出现在美国海岸，被此处的巡逻警队拍到。

号作为例子来形容百慕大"魔鬼三角区"。

最流行的说法是这艘船被海盗劫持，或者内部发生内讧，据说，船上的大副曾经与船长发生过冲突，大副被船长抓了起来，但后来获得原谅并被释放。不过这个说法没有证据。

也有人说这艘船可能遭到超自然力的攻击，理由是船通过了可怕的百慕大三角区。美国政府虽然怀疑是走私犯或者海盗劫持了这艘美国船，但是也没能给出官方解释。

🌿 对于无人船事件，科学家提供了一个可能的谜底：海洋次声波。海洋次声波一般出现在风暴和强风下，其频率低于 20 赫兹。以波浪表面波峰部波流断裂的程度决定海洋次声波的能量。如果是大风暴，海洋次声波的功率可达数十千瓦。而海洋次声波属弱衰减型能量，因而可以传得很远。海洋次声波会对生物体造成辐射现象。某些频率的海洋次声波，可引起人的疲劳、痛苦甚至失明。此外，如果是过强的海洋次声波，还会使人们感到惊恐，进而导致人员的集体失踪。也就是说，无人船并不是没有人，而是在大海上行驶时遇到海洋次声波的侵扰遇难了。

"飞翔的荷兰人"号

永 / 不 / 休 / 止 / 的 / 航 / 行

"飞翔的荷兰人"号是电影《加勒比海盗》中戴维·琼斯的坐舰,这是一艘永远不会停止航行的船,并且船上的船员一辈子都不能离开船,直到融合到船里,成为船的一部分。

❦ ["飞翔的荷兰人"号]
《加勒比海盗》中使用的道具,如今就停靠在码头供游客观赏。

看 过电影《加勒比海盗》的想必知道,剧中的戴维·琼斯的船就是"飞翔的荷兰人"号,这艘船最早出现在18世纪晚期乔治林顿的书中,从那以后故事就经久不衰,在水手和渔民间广为传颂。

所有幽灵船中,没有比"飞翔的荷兰人"号更为出名的了。据说真正的"飞翔的荷兰人"号是一艘从阿姆斯特丹起航的船只,船长是范德华·德肯。在驶往东印度群岛,途经好望角时遇到极端天气。范德华·德肯下令冒险前进,还发誓一定要通过好望角。船上一名船员由于散播恐怖言论,被认为是动摇军心,被船长范德华·德肯杀死了。而此时,狂风大作,险象环生,船长如同魔怔了一般高喊:"就算上帝让我航行到世界末日,我也要尽最大的努力!"可是虽然竭尽全力,船还是被风暴击沉了。传说,范德华·德肯和他的鬼船被诅咒,会永远在海洋中航行,直到世界的末日。

时至今日,"飞翔的荷兰人"号的故事依然是鬼船传说中最华丽的一篇。从渔民到威尔士亲王都声称曾经见过这艘永不休止的航船的身影。

"屋大维"号

幽/灵/驾/驶/的/鬼/船

"屋大维"号非常神秘，因为当人们发现它时，它已经在海上独自漂泊了13年！

据记载，1775年，一艘捕鲸船在格陵兰岛附近海域航行，忽然发现海上出现了一条船，这条船就是曾经失踪的"屋大维"号。捕鲸船上的船员登上"屋大维"号查看，却惊奇地发现船上所有船员都被冻成了冰人，更令人感到奇怪的是船长被冰住的姿势居然是安然坐在办公桌前的状态，他们到底经历了什么？

后来经过调查，得知"屋大维"号是1762年开始在海上航行的，也就意味着，这艘船在没有人掌舵的情况下独自在海上漂泊了13年……

更诡异的是，被冻僵的船长的日记上这样写着：

"1762年11月11日，我们被封闭在这里已经70天了，火焰在昨天已然熄灭，主人希望能够再次将它点燃，却一直没有成功。他的妻子昨天去世了，所有的一切没有解脱……"

主人是谁？他的妻子又是谁？"屋大维"号留给人们的，只是一系列充满疑问的未知。

✧ [《屋大维号》-剧照]

"屋大维"号是一个美丽的传说，据说这是一艘有意识和情感的人变化而成的船。这艘船共有3个桅杆，一个杆上有5片帆，远远望去洁白而明亮，并且在出现时会伴随美妙的歌声。

"乔伊塔"号

忽/然/出/现/的/沉/船

世界上到底有多少诡异的事件，人们不得而知，但是在看到一艘消失了 5 周的船突然又出现在人们的视线中，而且一切完好的时候，人们可能有的第一想法会是先否定自己的认知！

❀[下沉的"乔伊塔"号]

"乔伊塔"号是一艘客船，一直航行在固定航线之内，这种熟悉的路线、熟悉的操作让全体船员感觉到安全，但是，恰恰在这种安全的背后隐藏着危险。

这天，和往常一样，"乔伊塔"号行驶在去往托克劳群岛的途中……

船开了几个小时后，周边的船只和海事部门收到了"乔伊塔"号的求救信号，收到求救信号的搜救小组，在几个小时内就到达指定地点搜救，可是，他们却什么都没找到！大家一致认为，"乔伊塔"号沉没了……

这件事情就这样不了了之，可 5 周以后，一艘商船在出事地点 960 千米外的地方发现了"乔伊塔"号，但是船上的船员、旅客、货物、救生筏等全部消失不见了，而且船体受损严重。进一步检查后发现，船上的无线电系统已被调到通用求救信号，还在甲板上发现了医疗包和带血的绷带，但是却不见船员和乘客的踪影，没有人知道这里发生了什么。

❀ 船体就像图中看到的倾斜着，半截浸泡在海水中。船上包括药品补给、木材、食物等在内的 4 吨货物也不见了踪影，救生艇也不见了。不过，人们在船上发现了带有血污的绷带，人们猜想船长也许负伤或者死了，船员和乘客们觉得自己别无选择，只好弃船离开。但是，这却无法解释为何船上的货物也一起消失了。

❧ [经过古德温暗沙的"罗维朋夫人"号——油画]

"罗维朋夫人"号

古 / 老 / 的 / 诅 / 咒

在水手间自古就流传着一个传说：女人不能上船，否则就会有灾难降临。据说"罗维朋夫人"号就是因为船长带女人上船，而受到了诅咒。

"罗维朋夫人"号的船长西蒙，在刚新婚不久就接到了出海的命令，他既兴奋又无可奈何，毕竟娇妻在侧，总好过去海上漂泊，所以他做了一个大胆的决定：带妻子上船。

这个决定对于普通人来说没什么，可是在水手间流传着一个女人不能上船的惯例，为了堵住悠悠众口，西蒙决定在船上开一个盛大的Party，他要让大家既感受自己新婚的快乐，也能给妻子一个了解大家的机会。

"罗维朋夫人"号在1748年2月13日顺利起航了，西蒙的Party也如期召开。西蒙的妻子如鲜花一样盛开在"罗维朋夫人"号上。

不幸的事发生了，他的队友比尔爱上了他的新婚妻子。在庆祝活动结束后，比尔心中充满了愤怒和嫉妒，于是故意错误指挥，导致船舶沉没在恶名远播的古德温暗沙，所有人员全部遇难。据传，

❁ [在古德温暗沙出事的另一艘船]
在古德温暗沙出事的并非只有"罗维朋夫人"号一艘船，在 1909 年，另一艘船也在这里失事。

❁ 在距离英格兰东肯特的迪尔海岸 10 千米的地方，隐藏着一个由蓝贝、玉筋鱼和脱壳蟹组成的生态系统，这里就是古德温暗沙。

之后每隔 50 年，人们就会在"罗维朋夫人"号沉没海域附近看到"罗维朋夫人"号的踪影：1798 年、1848 年和 1898 年，都有几位船长见到过。当时的景象十分真实，这些船长甚至以为它遇险，并放下救生筏准备救援。"罗维朋夫人"号在 1948 年再次出现，1998 年是否也出现了还没有被证实，不过这可以算得上是欧洲最有名的鬼船故事。

❁ [古德温暗沙南边的旧圣玛格丽特灯塔]

"玛丽·西莱斯特"号

没/受/到/任/何/攻/击/的/船/只

"玛丽·西莱斯特"号的事件非常诡异，它在消失了一个月之后突然出现，当其他船员登上此船后发现一切都平静得可怕，似乎突然间船上的人集体不见了，而且没有任何受到攻击的痕迹……

✤ ["玛丽·西莱斯特"号]

"玛丽·西莱斯特"号是一艘商船，它的最后一次航行是运送1700多桶易爆的酒精，该船1872年11月初从纽约出发时没有任何异常，可出发不久后就失去了联系。

再次发现它时，已经是一个月以后的事了，调查者登上"玛丽·西莱斯特"号进行检查，发现除了引导方向的罗盘和一艘救生船之外，没有遗失任何东西。最诡异的是"玛丽·西莱斯特"号居然没有任何损坏，而且船上的货物也没有被动过。实际上，每样东西都原封不动，甚至船员的靴子都整齐地排列在他们的铺位下，船长的桌上还有一份没有吃完的早饭。

这令登船的调查人员毛骨悚然，因为"玛丽·西莱斯特"号被发现时，它还在正常航行，没有人掌舵，它是如何航行的?

"基林格"号

令/人/费/解

无人的"基林格"号被发现后，人们纷纷猜测它出事的原因，是海盗？骚乱？还是什么别的原因？谁也不知道。

★ ❧✦✦✦✦✦ ★

❧ [发现幽灵船——1913 年]

油画描绘的是在马尔堡发现幽灵船的故事。船上到处横躺的尸体，令人不寒而栗。

事情从 1921 年 1 月 31 日说起，美国哈特勒斯角海洋救生站的值班人员，发现了一艘搁浅而没有人求救的五桅帆船。

3 只饿坏了的猫

这艘搁浅在沙滩里的船名叫"基林格"号。船上的罗盘、舵轮、航海仪器均已破损，航海日志和天文钟也不见了，但船舱里的东西和私人物品却完好无损，

在船上没有发现任何活着的人，也没有尸体，却有 3 只饿坏了的猫，它们还活着。

从厨房使用的情况看得出，船员在离船之前曾吃过土豆沙拉和豌豆汤，还喝了咖啡。

这让救援人员百思不得其解，这艘船发生过什么事？

发现漂流瓶

时隔不久，人们在海边见到一个漂流瓶，里面的纸条上面写道："'基林格'号被一艘船抓住了，全体船员躲在舱中，

没有可能离开船。速告政府。'基林格'号……"字到这里便断了。

虽然有了这样的纸条，但是政府救援部门经过反复检查，始终查不出该船失事的原因，也一直找不到该船的船员的下落，真是活不见人死不见尸。

看来能揭开谜底的只有那三只猫了

更令人疑惑不解的是，如果是海盗所为，为什么船上的贵重物品都没有丢失？船也没有被凿沉呢？

如果说是船员骚乱的话，为什么没有打斗的痕迹？于是人们怀疑纸条是有人故意编造出来的。对此，美国人开玩笑说，知道真相的只有那三只不会讲话的猫，因为它们是这起事件的"直接见证者"。

科学家的解释好像也不科学

科学家认为，可能是强大的海洋次声波，使人们惊慌失措，异常痛苦，仓促离船，最后使船只像幽灵似的失踪。然而，谁也无法做出明确的解释："基林格"号上的船员临走前还吃过沙拉和咖啡，如果发生了所说的次声波或灾难性事件，谁又能如此平静地离开船呢？

❁ 1935 年，苏联科学院院士舒列金提出，在海洋风暴的作用下，海面会产生次声波。有时，海上出现了风暴，附近岸上病人的病情会发生变化，交通事故也会增加。罪魁祸首就是次声波。

❁ [被上帝遗弃的船——木刻]

❁ 次声波的威力

1929 年，在英国伦敦出现了一件怪事。一家剧院在试用新装的喇叭时，传出了低沉而惊心动魄的声音。顿时，剧院的门窗簌簌发抖，整幢房子也好像要崩塌了，四周的居民都以为大祸临头，个个吓得魂不附体。这是怎么回事呢？原来，声音有一个特点：声波振动得越快，能量消耗就越大，声音传播的距离也就越短；反过来说，声波振动得越慢，能量消耗就越小，声音传播的距离也就越长。伦敦这家剧院新装的是一种低频喇叭，它传送出来的低沉的声音，能传得很远很远，这种声音有相当大的能量，所以会产生如此惊人的效果。当然，这个低频喇叭发出的，还是人耳能听到的声音，如果声音的频率每秒低于 20 次，那人耳便再也听不到了，这就是次声波。

❁ 英国的加夫罗教授发现，次声波有时会引起人的疲劳、痛苦，甚至造成失明。在强大的次声波的作用下，海面上即使风平浪静，船只的桅杆也会被折断，舟船也会覆没。

Chapter 5

奇怪的
海洋现象

❧ [纪录片《冰冻星球》截图]

死亡冰柱 ⋙

海/水/中/的/冰/柱

死亡冰柱堪称最危险的死神，能够杀死沿途接触到的一切生物，它由下沉的盐水形成。由于盐水温度极低，导致周围海水迅速冻结，吞噬周边所有生命。

死亡冰柱是指地球南北极海域发生的一种自然现象。根据常理而论，海水结冰应该是在海面上，可以在海面上形成冰山，而不应该在海底，但海底为什么会结冰呢？是什么原因引起的？

可怕的死亡冰柱

科学家研究发现，死亡冰柱形成的原因是：当南北极的温度降低到一定程度（一般为零下几十摄氏度），海水中的盐分由于低温被析出后，使这部分海水的盐分消失或减少，导致海水凝结，并不断向海底延伸。巨大的冰柱所到之处海洋生物都被冻死，还会威胁到正常潜水航行的潜水器。特别在布雷区，水雷接触到冰柱也会引起爆炸。

没有人知道形成冰柱的速度到底有多快

科学家最初发现死亡冰柱的时间是20世纪60年代，2011年在英国广播公司制作的纪录片《冰冻星球》中首次拍摄

❀ [纪录片《冰冻星球》截图]

❀ 当温度降低到一定程度后（一般为零下几十摄氏度），海水里面的盐分被析出，因而海水发生结冰的现象，并且呈柱状向海底延伸。冰柱所到之处海洋生物都被冻死，所以通常也称为死亡冰柱。

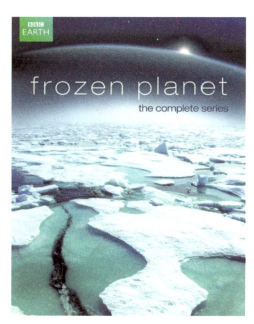
❀ [纪录片《冰冻星球》]

《冰冻星球》是英国广播公司与探索频道及英国公开大学联合制作的自然纪录片。主要展示栖息于北极和南极的动、植物及其生存环境。

到这一现象。摄制组采用定时自动间隔拍摄技术，拍摄到死亡冰柱在沉入海底过程中迅速增大，由于密度远高于海水，盐水迅速下沉，周围的海水遇到盐水后快速冻结，冰柱所到之处，没有生物能生存，都被冻住了，此时的冰柱更像一个海绵，而不是普通的冰。该片的摄影师米勒表示："当时的水下温度只有-2℃，下沉的冰柱在眼前迅速增大，没有人知道形成冰柱的速度到底有多快。"

❀ 死亡冰柱生命的起源说

有科学家表示，地球最初的生命形式可能不是起源于温暖的海水，而是来自海冰。海底冰柱（又被称为海洋石笋）的形成过程，可能产生地球上第一种生命诞生的条件。当海底冰柱在极地海洋中向下延伸，海冰结冻将产生脱盐等净化杂质的效应。海冰脱盐净化的过程可提供地球最初生命孕育的条件，这种情况也可能存在于宇宙其他星球。

自转小岛

西/印/度/群/岛/的/神/秘/现/象

小岛自转这样的奇怪现象确实非常的引人注意，但是这座小岛的自转并未对周围造成什么危害，而且除了会自转外并没有其他的特点。

据说地球的自转是因为地球及太阳均处于以太当中，所以地球和太阳都会受到来自以太的作用力，因此沿着以太的方向运动，可是在这期间地球又受到太阳的吸引，在这两种力的作用下，地球开始了自转。不过，一个浮在海面上的小岛，为什么能够自转呢，有什么力量吸引着它?

这座小岛是西印度群岛的一个无人岛，大大小小的沼泽地分布在岛上，它竟然会像地球自转那样，可以一直不停快速地旋转，最快可以每分钟转一周，最慢时也可以12分钟转一圈，而且从来都不会出现反转的现象。这可真是一件闻所未闻的怪事!

这个旋转的岛屿是一艘名叫"参捷"号的货轮在航经西印度群岛时偶然发现的。岛很小，船长在一棵树的树干上刻下了自己的名字、登岛的时间和他们的船名，便和随员们一起回到了原来登岛的地点。

这时发现这儿离刚才停船的地方差了好几十米! 但是，铁锚却十分牢固地

✿ [自转岛]

西印度群岛位于大西洋、加勒比海和墨西哥湾之间，由1200多个岛屿和暗礁、环礁组成。它是拉丁美洲的一部分。

把这些岛群冠以"西印度"名称，实际上是来自哥伦布的错误观念。1492年当哥伦布最初来到这里时，误认为是到了东方印度附近的岛屿，并把这里的居民称为印第安人。后来人们才发现它位于西半球，因此便称它为西印度群岛。由于习惯上的原因，这一名称沿用至今。

✿ 以太（Ether），是物质世界诞生之初产生的第一种最基本元素，形态为暗红色空间意识流体，作为空间（Space）供物体占用，物质界内一切元素以及物质都由以太构成。其本质是一种意识力，表现为意识频率在物质界频率的一种意识流。

❧ 在古印度，以太又被称为阿卡夏，是火、水、土、空气四大基本元素的创造者，主声音，也是空间的代名词。

在古中国，以太又被称为炁（真炁、元炁、祖炁），意为原始生命能量。

❧ [另一个自转的小岛：谷歌地图显示]
这座小岛不大，在谷歌地图中的具体位置位于34°15′07.8″S 58°49′47.4″W 处，从地图中来看像由两个圆圈套在一起所形成的特殊地理结构。经谷歌测量显示，内圆（即小岛）的直径约100 米，外圆地质结构直径约 120 米。
谷歌地图的历史记录显示，内圆小岛会运动，而且运动方式是在外圆之中进行自转。

❧ 阿根廷专门研究超自然现象的研究团队在阿根廷首都布宜诺斯艾利斯近郊坎帕纳附近调查 UFO 案例时，意外发现这块神秘区域中存在一座外形非常规则的小岛，周围的水温异常的低且会自转，科学家至今对这种自然现象无解。

钩住海底，丝毫没有被拖动的迹象。

船长根据观察得出结果，小岛本身在旋转，至于旋转的原因就众说纷纭、莫衷一是了。

有人猜测，这座岛其实应该是一座冰山，在海面上漂浮，所以小岛随着海水的涨落而旋转。但是别的浮在海上的冰山小岛为什么就不能自转呢？而且这样有规律地自转应该是被某种事物吸引导致。真相究竟如何，谁也不能断言，只好留待科学家们去研究了。

❧ [西印度群岛风景]

※ [肥皂岛]
每逢下雨时，阿洛斯安塔利亚岛上就充满了肥皂泡沫。这时，人们总爱跳入泡沫中享受独特的肥皂浴。

阿洛斯安塔利亚 ⋙

自 / 带 / 肥 / 皂 / 的 / 小 / 岛

童话故事中出现的情形在阿洛斯安塔利亚真实地再现了，因为它是个能"生产"肥皂的小岛。

在 萧衾所写的童话《谁偷了我的睡眠》中，童话人物安米一踏上肥皂岛，立即摔了个四仰八叉，因为肥皂岛太滑了。

现实中，在海岸蜿蜒曲折、岛屿星罗棋布的爱琴海上，有一座面积不大的"肥皂岛"，名叫阿洛斯安塔利亚岛。

在阿洛斯安塔利亚岛上的泥土和岩石里，含有大量类似肥皂成分的碱土金属盐。当地的居民衣服脏了，只要在地上抓一把泥土放上点水，就能搓出许多泡沫来，再用水冲洗一下，就可把衣服洗干净。在洗涤用品普及之前，岛上的居民就习惯用土石块洗涤衣物和器具。

据当地人介绍说，在阿洛斯安塔利亚岛上，不仅土里，海水里也有许多的清洁剂成分，在涂满防晒霜、享受日光浴之后，可以直接跳到海边的浅水滩，将残留的防晒霜洗干净，而且，当地人在航行至肥皂岛时，都会收藏一把那里的泥土，送给朋友，真是"居家生活"和"馈赠友人"的良品。

※ 肥皂是脂肪酸金属盐的总称。广义上讲，油脂、蜡、松香或脂肪酸等和碱类起皂化或中和反应所得的脂肪酸盐，皆可称为肥皂。

深度潜水
人/类/徒/手/潜/水/的/最/深/纪/录

深度潜水，特别是徒手深度潜水，这可不是一件容易的事情，那么人类到底能潜多深呢？

深度潜水对人类来说是一项挑战，因为人体内所能承受的压力是固定的。据生理学家计算，人类所能承受的深度潜水的极限在100米左右。

在2006年，探险家纪尧姆·内里创造了纪录，他在不使用氧气瓶和下潜、上升装置的情况下，只凭一口气，潜到了113米的深度。

由于当天水流十分湍急，导致测量正确深度的工作十分困难，加上纪尧姆·内里没有任何防护措施，所以现场气氛十分紧张。最终由两位国际潜水协会（AIDA）评判员经过长达6小时的分析后，做出评判，确定这次113米的创举为官方正式认可的人类徒手潜水的新世界纪录。

这个深度对于海洋生物来说，简直不值得一提，比如抹香鲸可以轻松地下潜到2200米的深度，然而对人类而言，这可是一次极限挑战。

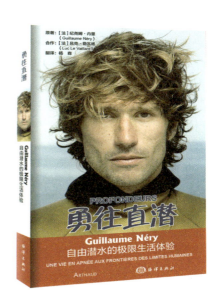

❧ [图书上的纪尧姆·内里]

纪尧姆·内里精于深潜运动，为法国自由深潜冠军。作为多个世界纪录保持者和2011年深潜世界冠军，内里的目标是要继续超越他自己完成的成就。每次尝试极限运动的内里，在一呼一吸间都对生命有更深的认识。

❧ 徒手潜水是指潜水者不使用氧气瓶，在下潜及上升时，也不依赖任何外在装置，单以个人体力推进，只凭一口气，徒手勇闯深海。

极地条纹冰山

冰 / 山 / 玛 / 瑙

在南北极冰雪的世界里，大自然利用淡水、有机物等调和颜色，创造出美轮美奂的条纹冰山，就如"夹心糖"一般堆积在世界两端。

南 北极是冰雪的世界，在漫天的冰山中，最奇特的就是条纹冰山。冰山上条纹的出现无疑说明冰山能够在冻结过程中，出现很多奇怪的现象，不但可以拥有挺拔的山体，同时还可以拥

❀ [蓝色条纹冰山]

一些年代久远的冰山看起来很像巨大的仿玛瑙大理石，一道呈直线的条纹扭曲变形，呈现一种弯曲之美。无法计算的力量导致固态冰数千年内像河流一样流动，同时发生弯曲和折叠，就像一块巨大的橡皮泥。

❀ [绿色条纹冰山]

有美丽的外表。

蓝色条纹

蓝色条纹冰山的数量与其他条纹冰山相比稍多一些。蓝色条纹由灌入冰山裂缝的淡水所致，淡水灌入之后迅速冻结。这种冰山实际上是透明的，之所以呈现蓝色的原因是在红光被吸收过程中，光谱中的蓝光受到反射。

绿色条纹

绿色条纹冰山呈现出翠绿色或者碧玉特有的绿色。绿色条纹冰山由海水在冰架下方裂缝内冻结所致。此种颜色比较罕见，简直堪称奇迹。

条纹冰山除了有蓝色和绿色的之外，还有黑色和棕色的等。

科学家推测，从南极南部到北极北部，由于冰山随着时间的推移，受环境、高压等自然因素的影响而形成了条纹冰山，但是这种解释并不能令人信服，最终原因是什么，还是有待科学更加发达后再破解吧。

爱奥尼亚海域

地 / 中 / 海 / "无 / 底 / 洞"

据估计，每天失踪于这个"无底洞"里的海水竟有 3 万吨之多。这么多海水都流向了哪里？

❀ [从希腊背后看地中海爱奥尼亚海域]

在 地中海东部的爱奥尼亚海域，有一个许多世纪以来一直在吞吸着大量海水的"无底洞"。

这个处于地中海的"无底洞"引起了科学家们极大的研究兴趣，为了揭开其秘密，科学家们用深色染料溶解在海水中，然后观察附近的海面以及岛上的各条河、湖，令科学家感到奇怪的是，这些染料随同那股神秘水流，进入了"无底洞"后再无踪迹，实验毫无结果地失败了。

第二年，科学家们又进行了新的实验：考虑到颜料稀释后很难被发现，这次他们用玫瑰色的塑料块，掷入打着旋转的海水里。一会儿所有小粒塑料块就被旋转的海水全部吞没进无底深渊，依然是没有了踪迹，科学家们的实验再次失败了。

至今谁也不知道为什么这里的海水竟然会没完没了地吸下去，谁也找不到这个"无底洞"的出口在哪里，大量的海水究竟流淌到哪里去了呢？

这些谜团让地中海"无底洞"成了千古之谜。尽管神秘莫测，但随着科学技术的发展进步，人们总会有一天能够揭开它的神秘面纱，把其真面目查个水落石出。

大海交汇

泾/渭/分/明

一清一浊的海水，形成了绵延数里泾渭分明的自然景观，人们在欣赏美景的同时，也必须警醒：保护海洋、合理地开发利用水资源，是当前必须要引起重视的重要课题。

❀ [洮河与黄河交汇处]

泾 渭分明是一个成语，也是一种自然现象，成语中的渭河和泾河交汇时，两水一清一浊，分界线清晰，绵延数里，甚为壮观。这种现象在大自然中还有很多，不过它们的成因却不只是清水和浊水这么简单。

在密西西比河与墨西哥湾的交汇处，就有这样泾渭分明的景观，它们形成了蓝色与绿色的两条海水带，专家解释，形成这种奇观的原因有两点：

首先，密西西比河与墨西哥湾的海水颜色存在差异。密西西比河在陆地上经过"长途跋涉"，水体中裹挟了大量的泥沙和有机物，使水体呈现黄褐色，

在我国甘肃永靖县境内，洮河与黄河交汇处，水面上出现了分明的黄、绿两色分界。之所以出现青绿色的黄河水，是因为此地处于黄河上游地区，还未流经黄土高原，而流经陕西黄土高原地区的洮河，则裹挟着大量的泥沙，状如黄河，所以两河河水不相融合。

而墨西哥湾的海水则相对较为清澈，呈现出漂亮的深蓝色，所以成分的不同造成了水体在颜色上的差异。

再者由于密西西比河是淡水，密度比墨西哥湾的海水小很多，即便里面裹挟着泥沙，由于流速降低，较粗颗粒的泥沙就会沉下去，能跟河水继续流淌的只剩下些悬浮颗粒，所以两者的密度对

[密西西比河与墨西哥湾海水交汇处]

比，河水还是小于海水的。

两种水流在交汇时，密度越是相近越容易扩散，密度相差越大，越会形成狭窄的过渡带，在海水中，这种过渡带就叫作"海洋锋"。所以这种泾渭分明的情况多发生在入海口或是两河交汇之处，而发生在密西西比河与墨西哥湾的过渡带则是狭窄而清晰的，并且有相对平直的弧度，仔细观察还能看出有一层黄绿色的物质。

❀ 什么是水体富营养化？水体富营养化简单来说就是水体中含有的营养盐物质过多，使水体失去平衡，会导致单一物种疯长，长此以往，会使整个水体生态系统逐渐灭亡。

这是由于密西西比河承接了美国41%的污水倾倒，并且雨水将田地中的氮、磷、钾冲进地表，形成了河水的水体富营养化，最终汇入密西西比河，再汇入墨西哥湾，导致了泾渭分明的景观，但这非常危险，会增加爆发赤潮的可能性。

[密西西比河——油画．1541年]
此画描述的是埃尔南多·德·索托第一次看见密西西比河的情景。

巴哈马大蓝洞

地 / 球 / 之 / 眼

巴哈马大蓝洞的洞穴潜水堪称世界上最危险的活动之一，每年平均有 20 人死于这里的洞穴。科学家直到最近才拥有相关技术，得以安全探索这些被海水覆盖的死亡陷阱。

由于巴哈马大蓝洞的独特性和神奇性，每年都有很多世界各地的游客慕名前来，坐上航拍的飞机，从空中领略这种奇特的美景，也是一种美好的享受。

巴哈马大蓝洞形成原因

在 2009 年夏秋季节，"巴哈马群岛蓝洞探险队"成立，主要目的是研究巴哈马群岛中的安德罗斯、阿巴科和另外 5 个岛屿上的蓝洞。

研究发现，按照现在海平面上升的速度 (下个世纪内可能会上升 1 米)，未来几十年内，许多内陆洞穴将被海水淹没，极具科研价值的环境都将遭到破坏。随着旅游开发的扩大，岛上最大的天然淡水资源库遭到污染。

根据科学家们经过实地勘察得出的

❀ [巴哈马大蓝洞]

❀ [潜水胜地巴哈马大蓝洞]

巴哈马大蓝洞因海绵、梭鱼、珊瑚、天使鱼，以及一群常在洞边巡逻的鲨鱼而闻名于世，成为众多勇敢的潜水员心目中的圣地。

❀ 蓝洞内钟乳石群交错复杂，更有品种繁多的鲨鱼（据说多为个性温和、慵懒、不主动攻击人的品种）伴您水下同游，身处神秘幽森的海下洞穴，美丽与凶险并存。

分析结论：巴哈马群岛属石灰质平台，成形于 1 亿 3000 万年前。在 200 万年前的冰河时代，巴哈马大蓝洞曾是一座干燥的洞穴的入口。寒冷的气候将水冻结在地球的冰冠和冰川中，导致海平面大幅下降。因为淡水和海水的交相侵蚀，这一片石灰质地带形成了许多岩溶空洞。

🌸 [玛雅历法]

中美洲玛雅文明虽处于新石器时代，但在历法、自创文字上却拥有极高成就。至于玛雅文明为何在西元9世纪急速衰落，一直都是专家学者想要解开的最大谜团。现在美国就有一个研究团队发现，蓝洞内可能藏有关键证据。

巴哈马大蓝洞所在位置也曾是一个巨大的岩洞，多孔疏松的石灰质穹顶因重力及地震等原因很巧合地坍塌出一个近乎完美的圆形开口，成为敞开的竖井。当冰雪消融、海平面上升之后，海水便倒灌入竖井，洞穴被水淹没，形成海中嵌湖的奇特蓝洞现象。

"整个宇宙是以同样的元素构成"

美国宾夕法尼亚州立大学地学系太空生物学家珍·麦克雷蒂，通过调查蓝洞无氧水环境中的细菌，可以推测出遥远行星和卫星上的无氧水环境中可能存在怎样的生命体。"整个宇宙是以同样的元素构成。"麦克雷蒂说，"可栖居的星球之间很可能具有许多共同特点，比如适宜生存的温度和水体。"许多太空生物学家相信，这种环境可能存在于火星表面液态水体和木卫二星冰冻地壳之下的海洋中——就更不用说远方与地球更加类似的世界了。

麦克雷蒂对巴哈马群岛其中的5个蓝洞中微生物的DNA进行了分析，结果没有发现一个共有的物种。让大家明白了每个洞穴的独特性。同时他们还发现，蓝洞无氧水环境中有些生物体采用的生存策略，是人们用以前的化学原理解释不通的。她常为洞穴生物获取能量的多种方式感到惊讶。麦克雷蒂感慨地说："如果我们能够准确理解这些微生物谋生的方式，便能找到对无氧世界的研究方法。"

"巴哈马群岛蓝洞探险队"对5个岛屿中的20多个蓝洞进行了约150次潜水探险。带回了丰富的科学资料，包括1200年前首批巴哈马居民的头骨、绝种超过1000年的爬虫动物骨骼以及地球最原始生物的单细胞后代。

正是因为这些神秘的存在，才使巴哈马大蓝洞成为探险和深潜爱好者心目中的天堂。

🌸 20世纪60年代，加拿大科学家乔治·本杰明带领一支科考队来到巴哈马群岛。1970年，乔治在美国《国家地理》杂志发表了自己在蓝洞中拍到的水下钟乳石和找到的一些鸟类化石，人们这才知道本以为是一潭死水的蓝洞原来别有洞天。乔治·本杰明也因为这次探险，被称为"蓝洞探险之父"。

🌸 据巴哈马海事部门统计，平均每年有20个极限潜水高手丧命蓝洞，大部分都是因为迷路而死。为了防止悲剧一次次发生，当地政府在一些没人去过的蓝洞前立下"禁止探险"的警示牌，但作用几乎为零。

分合岛
能/分/能/合/的/小/岛

在太平洋中有一个神奇的小岛：分合岛，能分能合。到一定时候，它就会自行分离成两个小岛，再过一定时间，它又会自动连接起来，合成原来的模样。

❧ [小岛上的裂沟]
这个小岛中央部分裂开跟合上的时间完全没有规律，有的时候分开可能是 3 ~ 4 天或者是 1 ~ 2 天，合上或许是 5 ~ 6 天，又或许是 2 ~ 3 天。

人们常说合久必分，分久必合，这套法则不但在人类社会中适用，还能适用于一个海岛。自然界就是这么神奇，在浩瀚而辽阔的大西洋上，有这么一座神奇的小岛，在这座小岛的中央部分，有一条很长很深的裂沟，这条沟长到直接把这座小岛一分为二。

当裂沟的缝隙慢慢变小，那么很快小岛便会合二为一，当这条沟合上时，就好像这个小岛从来没有被分裂过一样。

但不久之后，裂沟缝隙会慢慢变宽，又会把小岛一分为二。分开和合拢的时间没有规律，少则 1 ~ 2 天，多则 5 ~ 6 天。分开时，两部分相距 4 米左右，合并时又成为一个整体。

如此这般，分分合合，日复一日、年复一年，也不知道过了多少春夏秋冬。

这是一座荒芜的海岛，无人居住，岛上连高大的树木也没有，只有一些稀松的植被和小草，不仅如此，这个岛上几乎没有动物存在，甚至爬行类昆虫也很难见到。这座小岛或许正是因为没有高大的树木连接，才会不断地裂开、合拢，但具体是何原因造成的，目前没有任何官方解释。

南太平洋"间谍岛"

离/奇/的/小/岛/失/踪/案

美国曾在南太平洋一个不起眼的小岛上布置了间谍设备以及监控人员，用来收集并监控周边国家的情报。没想到这样一个重要的岛屿忽然有一天从海洋中消失得无影无踪。

南太平洋历来是国际上的水上交通要道，因而成了人们争夺的主要航道。美军曾在一个无人居住的小珊瑚岛上，建造了一座雷达站，发出强大的电波对周围的海域和天空进行探测。它24小时不间断和美军总部保持着联系。由于它极其重要的地理位置，美国中央情报局便把这个小岛命名为"间谍岛"。

忽然消失的"间谍岛"

"间谍岛"的侦察系统自从设立以

[珊瑚岛]

珊瑚岛是海中的珊瑚虫遗骸堆筑的岛屿。一般分布在热带海洋中，是由活着的或已死亡的一种腔肠动物——珊瑚虫的礁体构成的一种岛，因此称为珊瑚岛。根据它形成的状态，可将珊瑚岛分为岸礁、堡礁和环礁三种类型：

岸礁分布在靠近海岸或岛岸附近，呈长条形状，主要分布在南美的巴西海岸及西印度群岛，我国台湾岛附近所见的珊瑚礁大多是岸礁。

堡礁分布距岸较远，呈堤坝状，与岸之间有潟湖分布。最有名的就是澳大利亚东海岸外的大堡礁。

环礁分布在大洋中，它的形状极其多样，但大多呈环状，主要分布在太平洋的中部和南部，而且多成群岛分布。

来就非常有效地发挥作用。但是，在运行 3 个月后，电波突然中断了。美国中央情报局对此十分震惊，以为"间谍岛"被俄罗斯间谍给破坏了，于是派人偷偷地调查此事。可调查人员来到这片海域搜索了好几天，却始终找不到那座珊瑚岛。岛上的 10 多名美军人员也和小岛一同神秘失踪。美军又派出潜水艇在这一带海底搜索，海岛仿佛是有意与人玩捉迷藏，搜寻工作也一无所获。

一个小岛，为什么突然消失了？

到底是什么原因使这座珊瑚岛消失了呢？美国专家们纷纷对此发表自己的看法，有人认为是地震把小岛给震到海里去了；有人认为是外星人偷走的；也有人认为是俄罗斯人在海岛底下埋了大批的炸药，把小岛给炸没了。但是这些可能被一一排除，原因是这座小岛一直处于卫星雷达的严密控制之下，这些行动不可能不被发现。

这让美国专家大费了一番脑筋，最后调查的结果竟然是"星鱼"把海岛给吃了。这种星鱼体型很大，直径 1 米左右，宛如大圆盘，其身上密布毒刺，能够排出一种毒液，用来软化包括珊瑚礁在内的小岛。它们喜欢吃珊瑚和珊瑚礁石，且胃口颇佳，一条星鱼一昼夜就能吃掉 2 平方米面积的珊瑚礁。美国的那座"间谍岛"面积小，只够 750 条星鱼一昼夜的食物。

这算是个合理的解释，但是，间谍

❀ [经过放大后的珊瑚虫嫩芽]

珊瑚虫身体呈圆筒状，在生长过程中能吸收海水中的钙和二氧化碳，然后分泌出石灰石，变为自己生存的外壳。它的遗骨坚硬，可以开采，当作砖石或烧制石灰。珊瑚的骨骼也可制作工艺品，有观赏价值。然而，它们同时也形成了许多海底暗礁，对航海的安全有一定的影响。由大量珊瑚形成的珊瑚礁和珊瑚岛，能够给鱼类创造良好的生存环境，还能加固海边堤岸，扩大陆地面积。

❀ 我国南海的东沙群岛和西沙群岛、印度洋的马尔代夫岛、南太平洋的斐济岛以及闻名世界的大堡礁，都是由小小的珊瑚虫建造的。

❀ 在大自然中有许多奇妙的"动物数学家"。珊瑚虫能在自己身上奇妙地记下"日历"：它们每年在自己的体壁上"刻画"出 365 条环纹，显然是一天画一条。奇怪的是古生物学家发现，3 亿 5000 万年前的珊瑚虫每年所"画"的环纹是 400 条。可见，珊瑚虫能根据天象的变化来计算或记载一年的时间，结果相当准确。

岛上的通信工具那么发达，这种"星鱼"在撕咬小岛的时候难道一直没有被发现吗？为什么美国相关部门没收到任何的求救信号？这事总让人觉得有点匪夷所思。

巨人岛催人长高之谜

神/秘/的/岛/屿

有一个记者曾经这样写道："在这里，人们好像进入了童话中的世界，男人有2米多高，小孩都比岛外的普通成年人高。我在他们眼里，好像是从小人国来的。"

❧ 在法国外海，加勒比海的安的列斯群岛的向风群岛最北部，有一个神奇的小岛，它的名字叫马提尼克岛，曾被哥伦布赞为"世界上最美丽的国家"（1977年，该岛成为法国的一个大区）。现在人们又称它为"巨人岛"。岛上自然风光优美，有火山和海滩，盛产甘蔗、棕榈树、香蕉和菠萝等植物。

❧ [哥伦布像]

❧ 1502年，西班牙航海家哥伦布在他第三次航行中，发现了马提尼克岛，于是将其宣布为西班牙王室所有。

$巨$ 人岛，又叫马提尼克岛，这里最早的居民是西沃内印第安人。大约公元300年，阿拉瓦克族的人们在此定居下来。他们身材高大威猛，体格强壮，主要以捕鱼、狩猎为生。现在巨人岛上的大部分居民是黑人和黑白混血种人，纯法国血统居民不多，还有少量印度人和华人。

身高没有达到1.8米，就会被同伴"耻笑"

从1948年起，巨人岛上出现了一种奇怪的现象，居住在岛上的人的身体突然都开始长高，成年男人的平均身高达1.90米，成年女人的身高也超过了1.74米。如果在该岛上的男子身高没有达到1.8米，就会被同伴"耻笑"为"矮子"。

而且，不仅是岛上的土著居民，外地人来到这个小岛生活一段时间后，身体也会很快长高。

这种现象引起了科学家们的极大兴趣，他们纷纷来到这里进行考察。有一个64岁的法国科学家和一个57岁的英国科学家，他们为了研究巨人岛的秘密，在这里居住了下来。两年后两个人惊奇地发现，他们分别长高了近 8 厘米和 7 厘米。

此外，还有很多老年人在这里长高的例子。英国有一个旅行家帕克夫人，她已经年近花甲。她在巨人岛上生活了一个月后，竟然发现自己增高了 3 厘米，更让科学家们感兴趣的是，不仅这个小岛上的人会长高，动物、植物也会长高。从 1948 年到 1958 年，岛上的苍蝇、蚂蚁、甲虫和蛇等动物的体型都比以前增长了

❧ 1635 年法国殖民总督来到马提尼克岛。同年，他和他的部下建立了一个小海港抵御加勒比族的攻击，并在 1658 年灭亡了加勒比族。1674 年，法国宣布该岛为法领地。

❧ [巨人岛奴隶纪念碑]

在 1635 年法国殖民总督来到马提尼克岛后，因为生产发展的需要，法国开始在这里进行奴隶贸易。在 1830 年的一个晚上，一般贩运奴隶的船只，撞到岩石在海中沉没，不少黑奴被淹死。之后，马提尼克的雕塑家洛朗，在当年父辈出事的海边山坡上修建了十几个石人，这些石人低着头、驼着背，跪立在地上，面向大海。这个壮观的雕像现在被称作奴隶纪念碑，成为去马提尼克旅游时必看的景观。

约 8 倍。特别是这个岛上的老鼠，长得竟跟猫一样大，看上去非常吓人。

曾经有一个飞碟降落到了这里

对于这种奇怪的现象，科学家们的解释并不一致。有的人认为，在 1948 年曾经有一个飞碟降落到了这里，然后被埋在了地下。这个飞碟从地下放射出一种辐射光，正是这种辐射光使岛上的所有生物都开始长高。

也有的人认为，催人长高的放射性物质不是来自飞碟，而是来自岛上的一

✤ 也有另一种说法：流传此岛有使人增高的黑晶石，都是假的，不科学的。至于真假读者自己判断。

催长原来是因为这小小的石头

美国科学家格莱华博士及其助手为了研究巨人岛的奥秘，在岛上生活了8年，通过研究最终将目标锁定在岛上的稀有矿石——黑晶石上。

格莱华博士通过实验发现，经常饮用黑晶石泡过的水的小白鼠，要比饮用普通火山岩石泡过的水的小白鼠，个头上要大一倍，生长速度要快40%。而且只有幼年小白鼠会在饮用黑晶石水之后出现生长发育加快的情况，而成年的小白鼠则效果很不明显。

而在为期12个月的人类试验中，也得到了相同的结果。

✤ [巨人岛黑晶石]

✤ 马提尼克岛的斐尔坝拉人有一个习俗——从不弯腰。即使是跪在那，也是挺直自己的腰杆。即使最贵重的物品失落在地上，他们也从不弯下腰去拾取，而是拔下插在背上的一个竹夹，挺着腰用竹夹夹取。

✤ 马提尼克岛被法国侵略者占领后，法国侵略者经常侮辱斐尔坝拉人，把他们当牲口骑。为此，有一个叫耐特森的头人，在被一个法国侵略者骑时，猛地跳起来将骑着他的法国侵略者摔得很远，并说："我们斐尔坝拉人要永远站着，不弯腰！"从此，这个民族就养成了不弯腰的习俗。

这充分说明，巨人岛的黑晶石是引起岛上动、植物生长加速的主要原因，原理是黑晶石内的特殊矿物质刺激人体的脑垂体，引起生长激素的分泌和免疫因子的激活，从而导致生长发育加快，免疫力增强的现象发生。

格莱华博士经过8年的研究统计得出，并不是所有在岛上待过的人都会长高，也不是待的时间越长就长得越高。事实上，有的人在岛上待了10多年也并没有明显的增高，主要原因就是因为黑晶矿并不是在全岛都有分布，这类矿石只在火山井附近可以开采到，而且数量不多。

巨人岛总面积有1130平方千米，并不是所有的水流都可以接触到黑晶石的，这就是巨人岛能够使人增高，但增高多少不一的主要原因。

种蕴藏的矿物。但是这种放射性物质究竟是什么，众说纷纭。

巨人岛使人增高之谜，在先后经历过"辐射论""飞碟论""地球引力论""磁场效应论"等多种学说后，最终被科学家认定为"火山黑晶石"和"地球引力场"两方面的原因所致。

火炬岛自燃之谜

能/使/人/如/烈/焰/般/自/焚/的/禁/地

在加拿大北部地区的帕尔斯奇湖北边，有一个面积仅1平方千米的圆形小岛——火炬岛，当地人又称其为普罗米修斯的火炬。

传说，普罗米修斯为人类盗来火种以后，把引燃火种的茴香枝顺手扔进了北冰洋。奇怪的是，茴香枝着火的一端并没有沉下去，而是浮在水面继续燃烧，天长日久，便形成了一个小岛——火炬岛。经过数年的风吹雨打，火炬岛上的火渐渐熄灭了。但是，它却有一种神奇的魔力，这就是人一旦踏上它，就会如烈焰般自焚起来。

马斯连斯被活活烧死

17世纪50年代，荷兰人马斯连斯计划到帕尔斯奇湖寻宝。好心的当地人怕他们误闯火炬岛，便再三叮嘱道："火炬岛是我们的禁地，你们切记不要上岛去呀。"

马斯连斯并没有理睬当地人的忠告，他和同伴们每人驾着一排木筏，缓缓地向火炬岛划去。

到达火炬岛后，当地人的忠告让马斯连斯的几个同伴胆怯起来，马斯连斯独自跳上火炬岛，突然，他全身上下都着火了，马斯连斯疼得狂喊大叫，一下子跃进湖里，可是不管他怎么做，也无

❋ [普罗米修斯]

普罗米修斯是希腊神话中最具智慧的神明之一，是最早的泰坦巨神后代，名字有"先见之明"（Forethought）的意思。他是泰坦十二神的伊阿佩托斯与海洋女仙克吕墨涅的儿子。普罗米修斯不仅创造了人类，而且给人类带来了火，还很负责地教会了人类许多知识。

法把身上的火扑灭。同伴们都吓得谁也不敢跳下去救他，只能眼睁睁地看着他被活活烧死。从此以后，火炬岛能使人自焚的事便传开了。

莱克夫人化为了焦炭

时间来到1974年，加拿大普森理工

大学的伊尔福德教授组织了一个考察组，特地到火炬岛附近进行调查。通过细致的考察和分析，伊尔福德认为：火炬岛上的人体自焚现象是一种电学或光学现象，即由电击或雷击导致的人体自燃。于是所有的考察组成员都穿上了用绝缘耐高温材料做成的防火服。在火炬岛上，考察人员并没有发现什么怪异的地方。

在考察快结束时，考察队员莱克夫人说："我怎么觉得心里发热，腹部好像火烧一样，这是怎么了？"听她这么一说，伊尔福德立刻警觉起来，组织大家从原路撤回。莱克夫人走在队伍的最前面。

队伍刚走没多远，只见阵阵烟雾从莱克夫人的口鼻中喷出来，接着又闻到一股肉被烧焦的糊味，很快，莱克夫人化为了焦炭，而那套防火服居然完好无损。

此事引起科学界的一片哗然，引发了人们关于火炬岛神秘现象的探讨。同时，这座美丽的小岛也披上了一层恐怖的面纱，让好奇的人望而却步。

值得说明的是，从1974年至1982年，相继有6个考察队前往火炬岛，但都无功而返，而且每次都有人丧生。于是，当地政府不得不下令禁止任何人以科学考察的名义进入火炬岛。

火炬岛如今仍旧静静地坐落在帕尔斯奇湖畔，似乎有意等待着人们去揭开笼罩在它身上的神秘面纱。

🌿 加拿大物理学院的布鲁斯特教授认为：这种人身自焚现象并非现在才发生，而是历来就有的，他用英国作家狄更斯在小说《荒凉山庄》中的描述来支持自己的观点：1851年，美国佛罗里达州的一位67岁的老妇人被烧成灰烬。布鲁斯特认为，这是典型的人体自焚事件，与外界条件毫无关系。

🌿 传说，很久以前，一个印第安王国遇到了外族的入侵。国王、王子们英勇顽强地战死在沙场，只有一位美丽的公主遵循父命，带着王室的财宝和几个女仆一起出海避难，以图将来卷土重来，报复灭族之仇。公主和女仆们来到了一座没有人烟的无名荒岛，过着原始的流亡生活，等待复仇雪恨的时机到来。两位女仆密谋偷窃财宝，然后驾船逃离孤岛。由于密谋败露，公主下令将那两位贪心的女仆活活烧死，并当众宣布：这笔巨大的财富，只能用于复国报仇，将由她亲自密藏于小岛上，谁也不得动用。公主向苍天诸神立下誓言，谁企图盗窃这些财富占为己有，就将落得与贪心女仆同样的下场，就像一把火炬那样被活活烧死，变成灰烬。
可是，公主一直没有等到复国报仇的机会，那笔财宝也就一直埋藏于荒岛上。据说，从此以后凡是登上此岛对宝藏产生贪心的人，苍天诸神就会令他那颗贪婪的心膨胀、发热、发烫，直至起火燃烧，最后整个人体就像一把火炬般熊熊燃烧殆尽。火炬岛也就由此而得名。

🌿 [帕尔斯奇湖]

"有去无回"的神秘岛

灵/异/消/失/事/件

在肯尼亚鲁道夫湖附近有一个名为"Envaitenet"的神秘小岛,在当地土著人语言中意为"有去无回"。

❀ ["有去无回"的神秘岛]

虽然这个小岛有几千米长和宽,但是当地人都不住在这个岛上,因为他们认为这个地方受到了诅咒,来到这里的人都会神秘消失,有去无回。

英国探险家维维安·福斯 1935 年曾带领一个探险队到这个岛周边进行勘探,5 天后,他的同事马丁·谢弗里斯和比尔·戴森两名科学家没有返回驻地。维维安派出救援队搜索这个小岛时,只看到荒废的土著人村落,看起来这里已经被完全抛弃了。他们没有发现任何马丁和比尔来过或者活动的踪迹。

维维安经过多方打听,据当地居民描述,很多年前,这个小岛的人依靠捕鱼、打猎,以及与岛外居民交换特产为生。

❀ 当地流传着此岛不少的传说,有人说,岛上栖息着传统科学所不知的动物;有人说岛上存在一些怪异的光学现象;还有人说,这个地方是个真正的时间漏斗,人一进去就再也出不来了。

可是有一段时间,岛上居民突然不再出现在岛外。

曾有人前往岛上探察到底发生了什么事情。当他们到达岛上后发现:村庄已经荒废,屋子里的东西原样未动,烤鱼依然放在已经熄灭的火上,但岛上的居民却不见了。

没有人知道岛上居民都去了哪里,此后,这个岛上除了鸟类外,再也没有人生活。

失踪船员再次登船出海

诡/异/的/事/件

在加拿大有这样一则真实故事：有一艘猎豹船因遭遇事故而被转售他人，当这艘船出海的时候，曾经失踪 2 年的船员陆续登船……

1 914 年 3 月 30 日，加拿大纽芬兰的一个港口，一艘载有 250 名船员的猎豹船准备出海猎杀海豹。这是加拿大地区的风俗，这艘船与其他捕猎船没什么区别。

糟糕的捕猎

这艘船经过 2 个月的航行到达了北极冰原，船上的 77 名船员开始下船去狩猎海豹。可没过多久，冰原上便开始狂风大作，在北极地区遭遇暴风雪是最常见也最恐怖的。因为冰原上不仅气候酷寒，而且无处藏身。而这一场大雪整整持续了 2 天才终于结束了，猎豹船上的人们寻找到 72 具尸体，还有 5 个人呢？船员们最后也没找到，只好将他们归为失踪的船员。在这种环境下，失踪人口存活的可能性几乎为零。回到加拿大后，船员们觉得这艘船不太吉利，就再没使用过它。

诡异船员再次登船

时间慢慢地让人们淡忘了那次事件，两年后，这艘船在装饰一新后又被重新起用了，并取名为"圣·布兰福德"号。

1916 年 3 月 30 日，"圣·布兰福德"号起航去猎杀海豹，与 1914 年那次相同的出海日期、相同的出海路线，这艘船是否还会有相同的结局呢？

"圣·布兰福德"号到达冰原时，天色已晚，遇到另一艘捕猎船，同时他们得到另一艘船的信号，请求让船员登上"圣·布兰福德"号。接到信号的"圣·布兰福德"号同意了对方的请求，不久后，

🌿 北极地区的人们除了捕猎海豹，还会捕鲸。捕鲸活动可追溯到史前时代，当时北极地区的人们利用石具来捕鲸。巴斯克人是最早从事商业捕鲸的欧洲人，他们冒着风浪行驶很长距离到达纽芬兰及冰岛沿岸。在 17 世纪，荷兰人及英格兰人均组成庞大的捕鲸船队。18 世纪，因捕鲸船上安装了提炼炉，使捕鲸者在海上就能把宝贵的鲸脂提炼成油，并把鲸油储存在桶里，不必把捕到的鲸拖回岸上再加工。有了这样的加工能力，捕鲸船通常便能在海上停留 4 年之久。如今，鲸的数量已持续锐减，为了更好地保护鲸群，世界各国都已经开始禁止商业捕鲸，以保护越来越少的鲸。

🌿 [捕猎海豹——1880 年]

历史上，由于北极地区过于寒冷，土地都是冻土，无法生长庄稼和蔬果，这里的人们只能靠捕猎海豹作为蛋白质的主要来源。

船上的人隐约听到了有人顺利登船。

第二天早上，"圣·布兰福德"号的船员来到昨晚那艘船上并询问对方："昨晚你们的人都安全登船了吗？"这一问把对方问懵了，说昨晚他们没有任何船员上船，并且确实看到有人登上"圣·布兰福德"号，可并非他们船上的人。

"圣·布兰福德"号的船员回到船上，对船长说起此事，船长说："昨晚确实有接到报告，说看见有人登上我们的船，而我去看了以后，认出了那 5 个人，就是两年前出事后被认为失踪的那

5 个人……"

这个事件太诡异了，不禁吓到了这一船的人，之后，"圣·布兰福德"号再也没有被起用过。

尴尬的邻居 >>>>>

一/个/拥/挤/得/无/处/下/脚，/一/个/却/空/无/一/人

在非洲东部有两座小岛，它们离得很近，一座拥挤得无处下脚，另一座却一个人都没有。

这 两座小岛位于非洲东部，名叫米金戈岛和尤金戈岛。两座小岛都不大。其中一座只有半个足球场那么大，但是却住着几百个家庭，1000多人口，人均居住面积还不到2平方米。在我国北京、上海这样的大城市人均居住面积还有20多平方米，可见这座小岛有多么拥挤！

可是，相距不远的另一座小鸟，面积比这个大得多，而且被绿色的植被覆盖，看起来挺不错的，却没有人愿意搬过去住。原本这两座岛上都有人居住的，但是由于一座岛出了意外，导致了一些人死亡，所以他们就都搬离了，而且把这个岛称为"魔鬼之岛"，这个原因听起来有点奇葩、好笑，不过现在别说是居住，他们连那个岛都不敢上。

❧ [尴尬的邻居：一个拥挤，一个空旷]

[塞布尔岛]

 # 塞布尔岛的传说

沉 / 船 / 之 / 岛

在加拿大东南的大西洋中有一个会旅行的小岛，它可以自己移动，有时会突然出现在航行的船只前面，或者突然呈现大量的宝藏……难道它就是传说中的死亡岛？

在西方传说中，有一座千百年来没有人能找到的岛屿，相传岛上埋藏着大量的金银珠宝，并流传着诅咒的传说，让人趋之若鹜，这座岛屿自己会移动，让人无法靠近。

19世纪初期，在塞布尔岛上，有人发现了一些珠宝和黄金，这件事情引起了英国政府的关注。因为之前有艘货船曾在塞布尔岛附近消失，几个月后英国的另一艘船也沉没在塞布尔岛周围的流沙中。之后，为了防止发生类似事故，英国便在这里建立了一个救生站，每天都有人在附近巡查。为此也解救了不少搁浅在此的船只，但是却无法避免不断有船只在这里发生事故。1898年，法国

一艘船航行到此，撞向了塞布尔岛，全体船员也全部遇难。

传说中的死亡岛上有大量珠宝，并且非常危险。而塞布尔岛发生过的大大小小的事故不下百起，这与传说中的死亡岛何其相似？

后来经过科学家一系列的研究，发现塞布尔岛上有强大的磁场，原因是岛上长满了一种能产生大量磁铁矿的草木，强大的天然磁场能使过往的船只仪器失灵，导致方向不明而撞到岛上。可是即便大家都知晓了天然磁场的原因，却依旧无法阻止船只事故的发生，渐渐地这个地方也被认为是魔鬼的岛屿，很多人都不敢接近这个地方了。

神秘的耶莱巴坦地下水宫

关/押/美/杜/莎/之/处

20世纪初，在土耳其耶莱巴坦的水下发现了一座宫殿，据传说，此处是关押女妖美杜莎的地方。

★ ❦ ★

在 20世纪初，土耳其耶莱巴坦的居民们总能在夜间听到地下的流水声，但没人去研究原因。直到20世纪60年代，有个荷兰籍的科学家在这里发现了一座建于西元532年的水下宫殿。

传说中美杜莎的囚禁地

耶莱巴坦的这座地下水宫，发现后一直被神秘所笼罩。在希腊神话中，美杜莎因与波塞冬在雅典娜的神庙内偷情，而被雅典娜惩罚，雅典娜将其头发变成蛇形，让看到她眼睛的人变成雕像。而在耶莱巴坦的地下水宫西北角的两个石柱之下，压着的石块被雕成了美杜莎的形状，其脸部朝下，因此有人猜测此地曾经是雅典娜囚禁美杜莎的地方。至于到底为何如此放置石柱，至今仍是秘密。

水下宫殿

水下宫殿长140米、宽70米，由336根9米高的粗大石柱支撑。据说此处曾是一座天主教堂，经过两次大火焚烧，后来由7000多名工匠，将焚烧后的宫殿

❀ [地下水宫中倒置的美杜莎头像石座——剧照]

改为水库。再后来，本地被奥斯曼帝国统治，因为战争残酷激烈，遍地尸体，于是水库又被改为抛尸场。

这座原本神圣的天主教堂，被世人改成水库，又改成抛尸场，这对于雄伟

❧ [地下水宫一角]

的宫殿来说是多么滑稽又无奈。或许是
因为奥斯曼帝国不崇尚天主教的原因吧。

　　不管如何，这座水下宫殿现在被誉
为世界上独一无二的景点，被许多导演
看中，好莱坞电影《007在伊斯坦布尔》
和成龙的电影《特务迷城》都曾在这个
地下水宫里取景。

❧ 关于美杜莎的另外一个传说：相传美杜莎
是美丽的女妖，因与雅典娜比美而被雅典娜
变成一个怪物，以蛇为头发，脸上有一对怪
异的眼睛，只要被她看一眼就会变成石头。

海洋光轮

海/面/上/燃/烧/的/神/秘/光/圈

"海洋光轮"也许是由于球形闪电的电击而引起的现象，也有可能是其他某种物理现象所造成的。但这也只是猜测，谁也不能加以证实。

海洋，这个奇妙的世界，自古以来就流传着许多有趣的现象，有些已经被现代科学解释和揭秘，但还有许多现象目前还无法解读其中奥秘，神秘的"海洋光轮"就是其中之一。

"丘克吉斯"号

早在 1848 年，有人在英国的一个科学协会的会议上讲述了航海中遇到的奇怪事件：英国帆船"丘克吉斯"号在印度洋航行时，人们忽然看见两个巨大的"光轮"在水中高速旋转。当"光轮"接近帆船时，船上的桅杆猛然被拉倒，同时散发出浓烈的硫黄气味，船员们都吓得跪下求上帝保佑。当时，大家把这种奇怪的"光轮"叫作"燃烧着的砂轮"。

"帕特纳"号

1880 年的一个夜晚，"帕特纳"号轮船正在波斯湾海面上航行。突然，船的两侧各出现了一个直径 500～600 米的圆形光轮。在海面之上围绕着"帕特纳"号，旋转了大约 20 分钟之后才消失。

[海洋光轮还原图]

❀ 美国作家查尔斯一生都在收集这类难以解释的怪事，他曾多次列举了这种奇怪的"海洋光轮"现象。

❀ 如何解释这类奇怪现象呢？人们做了种种推论和假设。有人认为，航船的桅杆、吊索电缆等的结合可能会产生旋转的光圈；海洋浮游生物也会引起美丽的海发光；有时，两组海浪相互干扰还会使发光的海洋浮游生物产生一种运动，这也可能会造成旋转的光圈。

❧ [海洋光轮臆想图]

海洋光轮现象早在哥伦布时期就已经出现，1492 年，哥伦布船队在靠近一个不知名的小岛时，海面出现了一个旋转的光轮，而且时上时下，前后持续了 4 个小时，其他船员也看到了这种现象，哥伦布将其记录在他的航海日记中，但不幸的是其原稿已丢失，而翻译稿则记述不同。

丹麦汽船

1909 年的某一天，凌晨 3 点钟，一艘丹麦汽船在马六甲海峡发现一个几乎与海面相接的圆形光轮在空中旋转着，船长宾坦被惊得目瞪口呆。过了好一会儿，光轮才消失。

"瓦伦廷"号

1910 年，荷兰"瓦伦廷"号在南海航行时，看到了一个在海面上飞速旋转着的"海洋光轮"。船员在光轮出现期间，都有一种不舒服的感觉。

"海洋光轮"大多出现在印度洋或印度洋的邻近海域，其他海域鲜有发生。

如何解释这种奇怪的现象呢？人们作了种种推论和假设。但遗憾的是，种种假设，似乎都不能令人满意地解释在海平面之上的空中所出现的"海洋光轮"现象。

北森蒂纳尔岛

生 / 人 / 勿 / 近

在许多影视剧中，常有这样的镜头：一个史前部落，保留着最自然的生活，对外界的人和事充满敌意，甚至不惜杀死任何妄图接近他们的人……如今，在印度也有这样一个部落，他们生活在北森蒂纳尔岛。

北森蒂纳尔岛是一个充满未知的岛屿，它隶属于印度安达曼群岛，面积大约为 72 平方千米，岛屿附近海域的气候复杂多变，且珊瑚礁环绕，每年只有两个月船只可以靠近其海岸，茂密的热带雨林几乎覆盖整座岛屿。在这个岛上生活的森蒂纳尔人拒绝一切与外界的接触。早在 19 世纪，英国殖民者尝试登岛时就遭到他们的暴力抵抗。

第一次有记载的外来人登岛

1880 年，一支全副武装的探险队登上北森蒂纳尔岛，岛上的人尽数消失了，他们经过几天的搜寻，才找到了一对老夫妻和几个小孩，于是他们把这几个人带到了布莱尔港。

❦ 据估计，在北森蒂纳尔岛上的神秘部落已在该岛上生活了 6 万年。部落人被学者称为森蒂纳尔人（Sentinelese）。

❦ "安达曼"（Andaman）这个名字来自 Handuman，是马来语对印度猴神的称谓。

离开该岛后的老夫妻因为免疫系统无法抵御常见的病毒死去。几个小孩带着礼物被送回了北森蒂纳尔岛，探险队希望可以通过这几个孩子达到与部落进一步沟通的目的，但是他们不能确定这次接触之后，几个孩子是否携带病毒进入部落。这是第一次有记载的外来人登岛。

"接触远征"活动

从 1967 年开始，印度政府开展了一项"接触远征"活动，因为印度政府管辖的众多岛屿中都有常驻部落居民，而印度政府无法获得这些人的任何数据，其中就有北森蒂纳尔岛。印度政府多次派人去往北森蒂纳尔岛，但是岛上的人都会隐藏在丛林中避而不见。

直到 1970 年 3 月 29 日，"接触远征"活动的船只，在北森蒂纳尔岛的海滩近距离的接触到了该岛上的部落成员，考察人员向他们扔鱼作为礼物。而部落的男人们一个个挥舞着长矛和各种说不上名字的武器，并且大声地对着船上的考察人员喊着一些意义不明的话语，只有很少数的几个部落的男性放下武器去捡鱼。一些女性会以热情的方式，拥抱着这些部落的勇士，过了一会儿，他们便相伴走进丛林。在沙滩上留下一些男性作为守卫者。

大部分时间里森蒂纳尔人都表现出对外人极强的敌意和攻击性。为了保存这些原始的文化，以及保护接触者和这些被接触者的安全，印度政府放弃了和他们的一切沟通计划，并且派海军在北森蒂纳尔岛的近海日夜巡逻，未经政府许可任何人不得接近该岛，否则视为违法。

被驱赶的摄制组

1974 年美国《国家地理》杂志的摄制组到北森蒂纳尔岛拍摄时，遭到森蒂纳尔人的疯狂围攻，他们使用弓箭、长矛，在沙滩上飞奔着，朝摄制组追击过来，箭如雨下，长矛乱飞，其中有名导演的腿还被箭射中了，吓得摄制组成员纷纷登船逃跑。

见此情形的森蒂纳尔人在沙滩上开怀大笑，做出舞蹈动作以示庆祝。

❦ [安达曼群岛清澈的海水]

✤ [《奇迹之书》中的狼人形象]

✤ 世界上最矮的人种就生活在安达曼群岛上，他们平均高度不到 1.2 米，一般男子的身高也不超过 1.5 米。

✤ [《奇迹之书》中的狼人形象]

据传说，安达曼群岛上居住着许多狼头人。这种传说在《奇迹之书》中被描绘成如上的形象。

✤ 在我国的古籍中，较早对安达曼群岛的记录是《大唐西域求法高僧传》中义净法师自述行程，记载有尼科巴群岛，称之为"倮人国"，指岛民以椰子、芭蕉、藤竹器来求换铁器，大如两指的铁可换得椰子 5 ~ 10 个。

只。船员们拼尽全力抵抗了森蒂纳尔人的几天进攻，直到收到求救信号的救援直升机赶到，船员们才狼狈地放弃船只和船上的货物，通过直升机逃跑。

触礁搁浅的船

人们从 Google earth 上可以看到北森蒂纳尔岛附近海滩上，有一艘搁浅船的残骸。这是一条有故事的船。

故事发生在 1981 年，一艘名为"报春花"号的货船不慎在北森蒂纳尔岛附近触礁搁浅，船只被 50 多名手持原始武器的森蒂纳尔人包围，船员们拿出船上的食品扔向岸边，企图驱赶这些野蛮人，可是这些森蒂纳尔人依旧不放弃攻击船

✤ [1981 年的搁浅船——"报春花"号]